经典插图版

厨房里的骑士

[法]让·安泰尔姆·布里亚－萨瓦兰 著

姜竹青 译

光明日报出版社

图书在版编目（CIP）数据

厨房里的骑士 ／（法）布里亚－萨瓦兰著 ；姜竹青译 . — 北京：
光明日报出版社，2014.8
ISBN 978-7-5112-6691-0

Ⅰ．①厨⋯ Ⅱ．①布⋯ ②姜⋯ Ⅲ．①饮食－文化－世界－通俗
读物 Ⅳ．① TS971-49

中国版本图书馆 CIP 数据核字（2014）第 140479 号

厨房里的骑士

著　　者：（法）布里亚－萨瓦兰著　姜竹青译		
责任编辑：庄　宁	责任印制：曹　净	
封面设计：尚世视觉	责任校对：张　翀	

出版发行：光明日报出版社

地　　址：北京市东城区（原崇文区）珠市口东大街 5 号，100062

电　　话：010-67022197（咨询），67078870（发行），67078235（邮购）

传　　真：010-67078227，67078255

网　　址：http://book.gmw.cn

E - mail：gmcbs@gmw.cn　zhuangning@gmw.cn

法律顾问：北京市天驰洪范律师事务所徐波律师

印　　刷：北京鹏润伟业印刷有限公司

装　　订：北京鹏润伟业印刷有限公司

本书如有破损、缺页、装订错误，请与本社联系调换

开　　本：880mm×1230mm　1/32

字　　数：200 千字　　　　　　印　　张：9.25

版　　次：2014 年 8 月第 1 版　　印　　次：2014 年 8 月第 1 次印刷

书　　号：ISBN 978-7-5112-6691-0

定　　价：32.00 元

本人是神的使者，
吃货宜洗耳恭听。

目　录

序　言... 1

格言选... 6

作者和友人的一次对话............................. 8

上篇：美食随想录

论感官... 2

论味觉... 9

论美食学.. 20

论食欲.. 26

论食物.. 32

论特色菜.. 39

论煎炸.. 74

论口渴.. 79

论饮料.. 85

论美食主义.. 89

论美食家.. 97

美食测验... 108

论宴席之乐... 113

论猎宴... 123

论消化... 127

论节食对休息、睡眠和做梦的影响................... 134

肥胖症的预防与治疗................................. 138

论禁食... 147

论疲惫... 152

论死亡... 155

烹饪哲学史... 158

餐馆老板们... 179

一位模范美食家..................................... 187

圣殿花环... 197

下篇：饕餮奇遇记

过渡篇... 204

神父的煎蛋... 206

肉汁鸡蛋... 210

国家的胜利... 211

漱口陋习... 215

上当的教授，斗败的将军............................. 217

美味鳗鱼... 220

美食陷阱... 222

比目鱼... 225

三个增强体质的食疗处方............................. 229

布雷斯鸡... 232

美味野鸡... 234

流亡者的美食业..................................... 237

流亡生活的更多回忆................................ 240

一捆龙须菜.. 246

蛋白酥... 248

落空的希望.. 250

神奇的晚餐.. 252

危险的烈酒.. 253

爵士和神父.. 254

与圣伯纳德修道士共处的一天.................... 256

旅行者的好运气..................................... 260

诗篇... 265

恩利翁·德·庞西先生.............................. 272

特别推荐.. 274

挽歌... 276

后记　致两个世界的美食家们..................... 278

序 言

自从决定将此书公之于众，我并没有花费太多气力，只不过是将长期以来积累的素材稍加整理而已。这项差事可以说是我特意为暮年岁月预留的一项消遣。

我关注宴饮之乐的林林总总、方方面面，很早就意识到这绝非一本烹饪书所能涵盖的，因为饮食和生活息息相关，影响着人们的健康、幸福，甚至人们的事业发展。

这一原则确定下来以后，剩下的工作可谓水到渠成。我留心观察并记录下身边的事物，这种观察给我带来的快乐让我在那些豪华宴席上并不感觉乏味。

毋庸置疑，为了完成这项任务，我勉为其难地充当起了化学家、医生和生理学家的角色，有时甚至客串一把专家学者。话虽如此，可我绝不敢自诩为作家，好奇心驱使我不断探索；同时我也担心被时代抛弃，总希冀有机会能与科学家们交换意见，与他们为伍我深感荣幸。

医学确实是我最大的爱好，我一度达到了痴迷的程度。我有一个快乐的回忆：有一天，我随着几个教授走进梯形教室聆听克洛克医生的演讲。听到身旁学生纷纷打听我这个陌生人是谁，居然能得到名医的垂青，我由衷地感到幸福。

还有一次经历也同样快乐，那天我在工业促进会上展示了我发明的喷雾器，它的工作原理和香水瓶的喷嘴大致相同。我把自己的小发明放在兜里，里面盛满了香水。拧开开关，一阵香雾"哧"的一声喷到了天花板，落在观众身上和他们手里拿的纸上。看到首都最有智慧的头脑对我的发明都点头认可，我那个高兴劲就甭提了；现场同样兴奋的还有那些沐浴香水的人们。

考虑到我的这部作品内容广泛，有时不免担心它是否显得枯燥无味，毕竟自己也经常会在读别人的大作时哈欠连天。

我竭力避免让我的书也遭遇这样的尴尬，为此我在介绍各种学问时只求点到为止。同时尽量在书中插入一些趣闻逸事，多半也是我自己的鲜活经历，希望有助于缓解读者的阅读疲劳。为了避免口舌之争，我把那些特别容易引起争议的案例去掉了。另外，我还特别注意把学者们掌握的看家本领转换成普通读者易于吸收的知识。如果我这样的努力还无法为读者提供一盘容易消化的科学菜肴，我依然会睡得心安理得，因为我知道读者诸君会体谅我的良苦用心。

有的读者可能还会抱怨我的讲述风格过于海阔天空、喋喋不休。这是因为我年岁太大了吗？还是因为我像尤利西斯那样见过太多的人情世故？是不是不该在书里插入我的部分自传？我也想请读者记住一点：您可以选择不看我的"政治回忆录"，不过那可是我人生最后三十多年识人阅事的实录，精彩不容错过。

我可不想屈尊纡贵降格成一名普通编辑，如果那样的话我宁可选择停笔不写，依然可以生活得很开心。用古罗马诗人朱文诺的话来说就是："难道要我一生只做听众而从不发言？"了解我的读者都知道，我对喧器的社会与平静的书斋都十分熟悉，同样如鱼得水。

写本书时让我身心备感愉悦，在书中我提到了一些朋友的姓名，他们在书中读到自己时肯定会惊讶不已。我也提到了一些快乐往事，让那些看起来易逝的回忆在书中变成永恒，借用一句俗话就是"喝咖啡贵在回味余香"。

可能在读者中会有个别爱挑剔的人说："这与我有什么关系……他写这些东西，真不知道他是怎么想的……"但我相信大多数读者会从正面理解、体会我那些文字，并宽容对待激发我创作灵感的情绪，他们会让那些少数人转变态度的。

关于文风，布封说过"风格即人"。请不要误以为我是想请求宽容，那些最需要宽容的人往往最难得到宽容，我只不过是再啰唆两句做个解释。

我对自己的写作水平充满信心，因为我钟爱的作家包括伏尔泰、卢梭、费奈隆、布封，以及后来的柯钦和阿盖索等人，他们的作品我早已烂熟于心。

话虽如此，加上老天另有安排，我也乐天知命。我知晓五种现代语言，并掌握了大量繁杂的词汇。当我想表达一个概念而在我的法语词汇库中找不到答案时，我便会从其他语言中找到合适的表达，这样读者就得翻译或猜测我的意思了，这是读者的宿命。当然我也可以换一种做法，但我仍然坚持自己的原则与信条。

我深感我所使用的法语是一种资源比较贫乏的语言，这个问题怎么解决？我必须从其他语言中借用甚至偷窃，这样说是因为我总是有借无还，好在偷窃词语不触犯法律法规。

读者一定会对我的大胆文风有所认识。我在书上把替我跑腿的人称作"volante①"（借自西班牙语），而且我还决意要把"sip②"这个

_____

① 西班牙语：飞轮、传单。

② "sip"与后面的"boire à petites reprises"和"siroter"同为小口抿之意。

英文动词法语化，它等于法语里的"boire à petites reprises"，如果我没翻出古法语中意思相近的"siroter"这个词的话。很自然，我知道那些纯粹主义者们会想起波舒哀（Bossuet）、费奈隆、拉辛、布瓦洛（Boileau）、帕斯卡以及其他路易十四时期的名人——我仿佛已经听到他们在大声抗议了。

对此，我很淡定：本人无意唐突先贤、冒犯他人。我只想争辩一点，我们到底应向那些榜样学点儿什么？我想很简单，那些先贤用极为简陋的工具就已经创造出如此不朽的成就，如果他们能使用更好的工具，成就岂不更大吗？可以肯定的是，如果塔尔蒂尼的小提琴弓与巴约的一样长的话，他一定会是个更优秀的小提琴家。

如此说来，我不但是新词汇的拥趸，而且是个浪漫主义者。如果把浪漫主义者比作秘密宝藏的发现者，那么新词语创造者就是勇闯天涯寻财觅宝的探险家了。

这方面北方民族尤其是英国人远比我们领先，他们的智慧在文字表达上总能充分体现，总是十分善于创造新词或借用外来词汇。这样一来，我们在翻译英文作品时，尤其是遇到具有深度或特色的作品时，译文会显得苍白无力，尽失原注的风采。

我记得曾经听过一次高雅绝伦的演讲，主题是保持奥古斯都时代的作家奠定的法语的纯粹性。我像一个化学家那样，把这个演讲放入蒸馏器，得出了如下结论：我们已经做得如此完美，既没必要也没可能有更高的追求。

我活了这么大岁数，很清楚地知道每一代人都有类似的观点，但后代只会不屑一顾。如果说风俗与观念都在不断地变化着，语言怎么能够保持不变呢？即便我们与古人做同样的事，我们做事的方法肯定也有所不同。有些法语书，整页整页的内容都无法译成希腊语或拉丁语。

4

每种语言都有它的诞生、成长、鼎盛和衰退的过程。在从塞索斯特里斯到菲力普－奥古斯，当时的语言如今只存留在纪念碑的铭文里了。同样的命运也等待着我们，如果到公元 2825 年还有人读我的作品的话，想必读者只能借助词典才能读懂……

就这个话题，我曾经与我法兰西学术院的好友安德里厄进行过一场争论。我有理有据地进攻使他难以招架，如果不是他迅速撤出战斗的话，我一定会让他缴械投降。他幸运地接到了一个我无意阻拦的任务——为新字典撰写某一篇章。

还有一点也很重要，我把它留在最后来说正是因为它的特殊重要性。如果我在著作中用第一人称单数"我"来称呼自己的话，读者可能会认为我在与他进行对话，从而可能会向我提出问题、与我争辩，甚至怀疑和嘲笑我。当我披上了"我们"这一强大的外衣，我摇身一变成了教授，读者就只有恭恭敬敬聆听的份了。

本人是神的使者，

读者宜洗耳恭听。

（莎士比亚《威尼斯商人》第一幕第一场）

格言选

这些格言不但是教授先生[①]给自己著作的开场白，而且是他学术研究的一贯信条。

1. 世界因生命的存在而有意义，生命因食物的摄取而维系。

2. 牲口吃饲料填肚皮，普通人吃饭为糊口，只有聪明的人才懂得进餐的艺术。

3. 治国之道在于吃饭之道。

4. 告诉我你平时吃什么，我就能知道你是什么样的人，这就叫以食鉴人。

5. 上帝叫人类进餐才能生存，又用食欲支配人类进餐、享受进餐。

6. 所谓美食主义者无非是一种判断力。让我们选择珍馐美味，远离垃圾食品。

7. 美食之乐无时不在、无边无际，它既同人类其他乐趣相得益彰，但又远超出它们；在其他乐趣缺失的情况下，它仍能给我们以抚慰。

8. 从落座那一刻起，餐桌就让人忘却烦恼。

9. 开发一款新菜肴远比发现一颗新行星更让人感到幸福。

10. 醉汉和消化不良者都不懂得吃喝这门学问。

11. 进餐顺序有讲究，要先吃油水大的菜，再品清淡的菜。

12. 饮酒宜先清淡后浓烈，这才是正确的饮酒之道。

---

① 本书作者常以"教授"自称，语意诙谐。——原注

13. 酒不能掺着喝的观点纯属瞎说，人的味觉很容易饱和。三杯下肚，世上最好的酒也会索然无味。

14. 不放奶酪的甜点就像瞎了一只眼的美女。

15. 厨师是后天学出来的。但出于本能，不用学习人人都已会烤肉。

16. 当厨师最重要的品德是守时，食客亦然。

17. 赴约迟到者是对守时者的轻慢。

18. 宴请宾客而不注意膳食的人不配拥有朋友。

19. 家有分工，女主人应负责咖啡，男主人应掌管酒水。

20. 待客之道，讲究的是让人感到宾至如归。

作者和友人的一次对话

一番寒暄客套过后……

友人：今天吃早餐时，我夫人和我一致认为您的《美食随想录》应该尽早付梓。

作者：女人即上帝，短短五个字就道出了巴黎人的人情世故。不过问题是，我客居巴黎而且孤身一人。

友人：此言差矣！单身可不是借口，有时恰恰是单身汉让我们吃尽苦头。我夫人说，因为您是在她乡下的家里开始写作的，所以她有权发号施令。

作者：我亲爱的医生，您知道我对女性有多么谦卑、顺从。您也不是唯一说我能成为一个好丈夫的人……话虽如此，我还是下不了决心。

友人：怎么会下不了决心呢？

作者：考虑到我所从事职业的严肃性，我是担心有人仅凭书名就断定我不务正业。

友人：纯属多虑。三十六年为公众服务所付出的辛劳和汗水，足以给您挣一个好名声。另外，我与我夫人都确信所有人都想读您的书。

作者：真的？

友人：聪明人通过读您的书，自然会领会于心。

作者：可能吧。

友人：女人会读您的书，因为她们想看……

作者：亲爱的朋友，我年事已高且看破红尘，上帝也会怜悯我！

友人：美食家会读您的书，因为您会给他们一个公正的评价，让他们在社会上得到自己应有的地位。

作者：这倒是真的，多年以来他们一直被轻视、被排斥，简直不可思议！我怜爱他们，视如己出。他们天性良善，他们眼睛明亮。

友人：此外，您不是常说您的书正是图书馆所需要的吗？

作者：我确实说过。我始终这么认为，不会改变。

友人：太好了。既然您已经同意，那我们就回家吧？

作者：还没有！作家的道路上既鲜花满径，也荆棘遍地，还是留给我的继承人去应付那些困难吧。

友人：如果那样做，您就是要剥夺您朋友、熟人以及所有当代人的权利呀！您敢冒这样的大不韪吗？

作者：我的继承人！我的继承人！我听说死者的亡灵会在生者的赞美声中获得慰藉，我想把这个福气留到另一个世界去享用。

友人：您能肯定在那个世界里也能听到赞美吗？您的继承人值得信赖吗？

作者：我相信他们不会忽略我仅有的这个请求，要知道我对他们足够宽宏大量了。

友人：不过，您能指望他们能像您那样对自己的书稿充满热爱？没有这种热爱，您的大作甭想漂亮地面世。

作者：我会精心修改、誊抄我的手稿，届时万事俱备，只需付印就可以了。

友人：就没考虑遇到意外怎么办？哎，不知道有多少珍贵的书稿就是这么丢失的，例如勒卡花费毕生心血写成的关于灵魂在睡眠中的状态的著作就是这么丢失的！

作者：那确实很令人惋惜，我觉得我的书稿命运不至于如此不济。

友人：要我说的话，到时候继承人会忙得不可开交，优先处理有

9

关教会、法律以及医院方面的事。就算他们有心，也无暇顾及这本小书的出版工作。

作者：但是书名呢！主题呢！人们肯定会取笑它的。

友人：单单"美食学"一词就足以让所有人洗耳恭听：主题很时尚，就是嘲笑它的人也和普通人一样迷恋美食。所以，在这一点上您不需要担心。另外，您难道忘了有时最严肃的人物也会写轻松的读物吗？例如，孟德斯鸠①。

作者：这倒不假，他写了本《尼德的神殿》，书里主张人们思考当下的需求、福祉和事业，这远比讲述一两千年前古希腊丛林中两个疯子的事迹更有意义。那两个人做了什么呢？一个在追另一个，而另一个根本就不想跑。

友人：如此说来，您同意出书了？

作者：同意才怪。这么做恰恰是丢了他们的丑。说到这，我想起了一出英国喜剧中的场景，如果我没记错的话，是《私生女》。我会讲给汝听。②

该剧描写的是贵格会教徒，派别成员都互称"汝"或"汝等"，他们穿着俭朴、拒绝战争、从不发誓、严格自律，一言以蔽之，他们严禁动怒。

该剧主人公是个年轻的贵格会信徒，舞台上的他头戴大宽檐儿帽、

---

① 还有蒙蒂克拉（1725—1799），不仅编纂了巨著《数学史》，还写过一本《饮食地理辞典》。我在凡尔赛的时候他曾给我看过部分手稿。另外我有足够的理由相信贝里亚·圣-普里，这位久负盛名的程序法专家也写过一部长达数卷的小说。——原注

② 读者们（比如法语原版的）会注意到我朋友许可我用"汝"来称呼他，但这个称呼并不是相互的。事实上，我的年纪对他而言相当于一个父亲对儿子，所以就算他现在是个相当重要的人物了，但还会讨厌我的这种口吻吧。——原注

身穿棕色外套，头发一丝不乱。即便如此，这些也没耽误他坠入爱河。

他的情敌是个花花公子，常以貌取人，见他穿着朴素就认为他好欺侮，于是就一再戏弄、侮辱他。小伙子一忍再忍，最终忍无可忍，一怒之下将那个公子哥痛打了一顿。当他出完气之后，脸上的表情回到了原先的模样。他拉长着脸，用一种悲哀的腔调感叹道："哎呀，想必我的灵魂和我的肌肉太过强壮了！"

这个故事对我也适用。经过短暂的犹豫，我又回到原先的立场上去了。

友人：现在改主意已经晚了，您自己的话已经泄露天机。游戏结束了，您必须跟我一起去找出版商，已经有好几个出版商闻风而动了。

作者：您最好也小心点儿，您本人也将被我写在书里，没有人知道我会说您些什么呢？

友人：您能说我什么呢？您休想把我吓倒。

作者：我不会写您的故乡，也就是我的故乡①，会为养育出像您这样的人才而骄傲；我也不会写您二十四岁时就创作出一部经典基础科学；更不会写您良好的名声会使病人对您充满信心，您的出现会平息他们的恐惧，您高超的技术会让他们惊讶，您平易近人的态度让他们感到慰藉——这些都是人所共知的。我想向全巴黎人民（说着我站直了身子），向全法国人民（戏剧性的夸张动作），向全世界人民揭露您的一个坏毛病！

友人（急切地）：究竟是什么，我能问一问吗？

---

① 贝莱是法国比热地区的首府，那里遍布着森林、山脉、小河、清流、瀑布和峡谷——有大约九百平方英里大的一座花园。在法国大革命尚未爆发之前，依据当地的法律，第三等级（无特权等级）已经取得了对这片区域的实际控制权。——原注

作者：某种陋习，无论我如何责备您都无药可救的陋习。

友人（惊讶地）：快告诉我吧！别折磨我了！

作者：您吃饭的速度太快。[①]（交谈到这里，我的这位朋友拿起帽子，笑着走了出去，他确信已经说服了我。）

---

① 对话中的医生并非虚构，而是确有其人，熟悉我的朋友可能猜到我在和里希朗医生谈话。——原注

上篇：美食随想录

论感官

感觉器官是人体与外界环境发生联系、进行沟通的一类器官。

感官的种类

人类的感觉至少包括以下六种：

视觉，通过光线，人类用来感知空间大小、感知外界物体的存在和种种颜色。

听觉，通过空气振动，人类用来感知发音体嘈杂抑或低沉圆润的声音。

嗅觉，能让人类分辨出物体散发出的种种气味。

味觉，能让人类判断出是否可以食用及其口味如何。

触觉，能让人类感知各种物体表面的平滑度。

最后一种是性欲，两性结合使得人类繁衍、生生不息。令人颇感诧异的是，如此重要的感官功能在博物学家布封之前并未得到人类的认可，人们一度把性欲和触觉混为一谈，或干脆将其作为触觉的一种。

事实上，触觉和性欲完全是风马牛不相及。和嘴巴、眼睛一样，人类的性器官完全自成体系。和嘴巴、眼睛不同的是，虽然男性和女性能分别感知到性欲的存在，但只有男女结合，才能体验到造物主的一番良苦用心。

如果说味觉的存在是为了维持人类个体生存的需要，那么性欲的存在就是确保人类的种族延续。因此和味觉一样，性欲也应该在诸多感官中占有一席之地。

写到这，把"肉体之欢"纳入感觉的一类可谓无可置疑、当仁不让。我们不但要自己认识到这一点，还有责任告诉我们的子子孙孙。

感官活动

现在大胆设想一下，假如我们能有幸回到人类鸿蒙初开的年代，有理由相信当时人类的感觉器官一定是粗粝不堪、天真未凿：目不明、耳不聪、食无味，就连做爱，也同野兽交配无异，毫无温柔可言。

作为精神活动的组成部分，各种感觉有一个共通点——它们都是人类特有的。感官活动不断斟酌、权衡、判断，以推动人类的进步和发展；继而，所有感觉都被发动起来帮助人类完善"精神自我"，或者在他人眼里被称作"个体"。

实际生活中，触觉能帮助纠正人类视觉上的偏差，各种感觉都能通过有声语言来进行描述，视觉与嗅觉会增强味觉的感知能力，听觉通过声音的差异可以帮助人类判断事物的距离，而肉体之欲则能影响所有的其他感觉器官。

岁月如流，推动着人类的发展。人类之所以能不停地取得进步，个中因缘实难察觉，但时时刻刻都在发生；不过，也可以从人类的感觉器官上寻找某些蛛丝马迹，因为很多进步源于满足人的各种感觉。

比如说视觉给人类带来了各种绘画、雕塑以及演出。

听觉给人类带来了旋律、和声、舞蹈、音乐及其分支艺术和表现手段。

嗅觉催生了香水的发现、调制和应用。

味觉加剧了各种粮食作物的种植、选种和加工。

触觉已经渗入到各种艺术、技能和产业之中。

而性欲，总是让众多痴男怨女乐此不疲、流连忘返。自法国弗朗西斯一世以来，对鱼水之欢的孜孜以求催生了种种风流浪漫、卖弄风情以及时髦风尚。说到卖弄风情，这个词起源于法语，到目前为止其他语言中还没有发现对应的说辞。无怪乎每天都会有外国精英人士跋山涉水来到"世界之都"巴黎学习风情术。

乍一看上述观点似乎显得不可思议，但它很容易得到验证，要知道还没有哪种古代语言能清楚地讨论上述三种社会娱乐活动。

这个观点如此有趣，我特意创作了一篇对话。但我最终决定忍痛割爱，目的是给我的读者留下一点创作空间，以这种方式展现自己的才华与学识，足以让他们轻松消磨掉整整一个晚上的时间。

上文说过对性欲的追求，已经影响到人类所有其他的感觉器官了。此外，性欲对科学进步的促进也毫不逊色。通过认真观察，我们不难发现世界上最精妙的天才成就无一不是源于对两情相悦的不懈追求和向往。

综上所述，人类不懈努力、孜孜以求地开创哪怕最最抽象的科学，目的无非就是为了满足感官的需求。

感官的进化与完善

人类的感官虽然集万千宠爱于一身，但毋庸讳言的是，他们还远远称不上完美无缺。我只想说，无论是看得见摸不着的视觉还是看得见摸得着的触觉，都经过了长期进化从而得到了长足发展。

年老体衰是自然规律，不过可以通过戴眼镜来延缓视力老化带来的影响。

望远镜的发明让我们"发现"了从前未知的星体，其观测能力远远超出我们视力之所及。那些遥远而巨大的发光体如果仅凭肉眼看来，只不过是个模糊甚至几乎看不见的斑点。而显微镜则给我们揭示了事物内部的构造，向人类展示了植物甚至是整个曾经被我们忽视的植被。利用显微镜，我们可以看清比肉眼所能观察到的小十万倍的生物。这些小生灵不停地活动、捕食和繁衍，尽管它们微小得超乎想象。

此外，机械的使用让我们如虎添翼。人类善于把奇思妙想变为现实，从而以柔弱之躯肩负起大自然赋予我们的千斤重担。

人类发明了武器，设计出了杠杆，从而征服了大自然。在人类面前，大自然也不得不俯首称臣，哪怕有时候人类的要求是如此荒诞不经。人类这个不起眼的两足动物让地球改变了模样，一不小心竟然成了万物之长。

人类的视觉与触觉如此强大，有理由相信也许是属于某种远比人类更发达的生物的特点。换句话说，如果人类所有的感官都如此强大的话，人类还指不定变成什么样呢。

应当指出，虽然在肌肉力量上，人类的触觉得到了很大提高，然而从纯粹的感官角度讲，文明的进步并未给触觉带来实质性进展。但任何事情都是有可能的，要知道人类还处于十分年轻的阶段，感官的进化尚需时日。

例如，和声与声音就相当于绘画与色彩的关系，而和声的发现至今也不过四百多年的历史[①]，却能让人类有更多机会聆听天籁之音。

早在古代，人类就知道引吭高歌的时候，可以用乐器来伴奏，但他们对音乐的认识仅此而已。他们根本不懂如何辨音，搞不清不同声音之间的相互作用。

直到15世纪，音阶才被确定下来，继而对和弦进行相应规定，拓宽了声乐表现的领域和多样性。这个发现可谓姗姗来迟，但又弥足珍贵，足以让人类耳朵的听觉功能提高一倍——听觉分化成两种相对独立的功能：聆听和赏鉴。

德国医生甚至认为，对和声敏感的人就仿佛多了一种感官。

那些认为音乐只不过是一堆杂乱声音的人，几乎无一例外都会唱歌跑调。我们有理由相信他们的听觉器官或者结构特殊只能接收短促、平静的声音振动，或者更有可能的是他们两只耳朵的音高标准不同，也就是说两只耳朵在尺寸和灵敏度上有差异，因此不能将所接收到的声音合成一个清晰、确定的信息传递给大脑。这就好比不同音高的两个乐器分头演奏，很难形成和谐的旋律。

[①] 我们知道有人会对此持不同看法，不过那根本不值一提。如果古人早已发明了和声，那么在他们的文字中肯定会有相关的记载；然而，所有能拿来举证的都只是一些只言片语或语焉不详的描述。从流传下来的文物古迹中不可能追索出和声发现、发展的历程。从某种意义上来说，我们都受益于古代阿拉伯人，是他们通过弹奏几个连续的音符，从而让和声的理论得以萌芽。——原注

过去的几个世纪里，人类的味觉器官也获得了长足的进步。随着糖、酒、冰糕、香草、咖啡、茶等的发现和应用，给我们的味蕾添加了诸多前所未有的新体验。

但谁又知道触觉的未来将会如何发展呢？它同样有可能获得新的转机与突破。实际上，此种可能性很大，因为触觉存在于全身各部位，每个部位都能够成为兴奋点。

味觉的力量

前文提到了性欲的影响力，探讨了它是如何有力地推动了各学科的发展。相形之下，味觉来得更为温和、恬淡，但它对科学产生了同样积极的影响，虽然缓慢但却持续存在。在后文里我们还将对此详加分析。

现在我们只需描绘这样一个场景：步入一所镶满镜子的宴会大厅，室内陈列着画作、雕像和鲜花，空气里芳香四溢、仙乐飘飘，还有美女侍者穿梭往来，任何人都会大快朵颐，并且深切理解科学带给人类的种种便利和快乐。

感官活动的作用

我们如果把种种感官看作一个整体来审视，不难发现造物主创造这些感官的目的只有两个：个体的安全与种族的延续，两者互为因果、相互影响。

作为一种有感觉的物种，人类的一切活动都指向这两个目标。眼睛让我们感知外界的事物，展现周围的种种奇观，揭示出人类自身也是宇宙的一分子。耳朵感受声音，既包括欣赏悦耳的音乐，也包括对潜在危险的物体的警觉。疼痛是触觉的一种，它及时向大脑传递身体受伤的状况。手是人类忠实的奴仆，不但帮助人们远离险境安全前行，而且还会本能地选择某些事物，让人趋利避害减少损失。鼻子可以帮人感知有毒物品，要知道几乎所有有毒物质都有一种难闻的气味。当味觉做出有利的判断后，牙齿便开始工作，舌头与上腭开始品尝食物的味道，继而胃开始进行消化吸收。随后倦意袭来，周围的一切物体黯然失色，身体随之放松，眼睛也紧闭起来，所有的感官都在黑暗中沉沉睡去。

当他醒过来，眼前的事物都没有改变，他的另外一种器官开始工作，胸中燃烧起一束神秘的火焰，他渴望和另外一个人分享他的存在。一种两性都能感受到的急切躁动把两个人召唤到一起，让他们合二为一。当播撒完生命的种子后，他们便可以安然入眠。男人和女人履行了最神圣的使命，以保证人类种族的延续。①

在对味觉器官进行专门的论述之前，我认为有必要先将上述带有哲学意味的思考分享给诸位读者。

---

① 布封先生已经以其雄辩的口才描述了夏娃刚刚诞生时的情景。对于这个话题，我们只是粗线条地给出一个梗概，具体细节可以任由读者自己添加，一定会妙笔生花、活色生香。——原注

论味觉

味觉的定义

作为人类的感觉之一，味觉是指人的味觉器官对食物所产生的一种感觉。

食欲和饥渴催生味觉。味觉涉及好几种人体的活动，通过自然消耗，机体得以生长、发育和维持。

生物体获得营养的方式不一而足，这是因为造物主赋予万物各不相同的生存之道。

位于生物链最底端的植物把根扎在地下，通过一套特殊的机制获取泥土中促进其生长和发育的营养物质。

比植物的等级稍高一点儿的是没有运动器官的动物。它们生长在适宜的环境中，并拥有特殊器官，能在一定区域内获取它们生长所需的食物。不过它们并不寻找食物，而是食物寻找他们。

第三种生物是四处游走的动物，人是这一类型中无可争辩的佼佼者。一个人之所以需要食物，完全是出于某种天生的本能。在本能的驱使下，他开始四处寻找、获取他认为能满足食欲的东西。通过进食，人类的体能得以恢复，继而追求他们所谓的人生事业。

味觉可以分为三个层次：在生理的层面上，味觉器官是人用来享受他所品尝食物的工具；在精神的层面上，味觉是有滋味的物质激起的相应器官的兴奋感；最后在物质层面上，味觉是身体作用于味觉器官并使之兴奋的能力。

味觉有两个主要功能：第一，它能带来快感，以抚慰我们生活中遭受的创伤。第二，它协助人类从大自然获取能吃的食物。在这个选择的过程中，嗅觉起到了很大的协同作用，这一点我们在后文再说。一般说来，有营养的东西尝起来和闻起来都不令人反感。

味觉的功用

想要弄清楚味觉器官的工作原理并不容易，它远比表面看起来要复杂很多。舌头具备一定的肌肉力量，是重要的味觉器官，可以碾碎、搅拌、挤压、吞咽食物。

舌头表面上有无数的舌乳头，可以吸收与它接触的食物中有滋味的可溶微粒，不过，到此味觉还未形成，它还需要相邻器官的合作，包括下巴、上腭、呼吸道等。特别是最后一个，生理学家没有给予足够的重视。

下巴产生的唾液对咀嚼食物和吞咽食物至关重要。口腔两侧及上腭也有一定的味觉功能；我甚至认为在某些情况下，牙龈也具有少量的味觉功能；如果没有位于口腔后部的咽部的品味过程，我们的味觉感受将是单调而残缺的。

天生没有舌头或舌头被割掉的人并非完全丧失味觉。对于天生没有舌头的人的情况，教科书里多有描述。而后一种情况，我是从一个被阿尔及利亚人割去舌头的人那里得到启示的。这个可怜的人与他的几个同伴因为试图从敌人手中逃跑而惨遭割舌。这个人是我在阿姆斯特丹遇到的，他是一名信使，受过良好的教育，因此我和他很容易进行文字交流。看到他的舌头的前端和舌根软骨都没有了，我问他是否仍能享受他的美食，以及他遭受酷刑后是否还残留一些味觉功能。他说最令他感到不适的是吞咽，必须克服巨大困难才能勉强完成，但他仍然能享受他的美食，不过味道不能特别强烈，特别酸或特别苦的食物会让他受不了。

他还告诉我，割舌是非洲国家常见的刑罚，尤其用来对付被怀疑是组织阴谋活动的头目，割舌还有专门的刑具。我原本还想听他解释一下这些刑具，但他对这个话题表现出的反感让我打消了追问的念头。

他的话引起了我的沉思，不禁联想到远古野蛮时代，人们将亵渎神灵者的舌头切碎或割掉，随后这样的刑罚又被制定为法律。我有理由相信这个习俗最早源自非洲，后来被东征的十字军引入欧洲。

我们已经证明了舌乳头对于味觉的作用。解剖学表明人类的舌头拥有的舌乳头数量并不相同，差距有时可达三倍。这样就不难解释同一桌上进餐的两个人，为什么一个人吃得兴高采烈，而另一个人则感觉索然无味，这是因为第二个人舌头上的舌乳头比第一个人少。可见味觉也像视觉、听觉一样有功能残疾者。

味觉的感知

关于味觉的运行方式，现存的解释有五六种，我也有自己的观点，具体如下：

像我们以前常说的那样，味觉是在湿润条件下进行的一种化学过程，也就是说，食物的美味分子必须先溶于液体中，然后才被覆于味觉器官表面的神经突起、舌乳头或者吸盘等吸收。且不论这套味觉理论正确与否，它已经是建立在实实在在，甚至是看得见摸得着的物质基础上了。纯水不会产生味觉，因为它不包含味觉分子。不过在水中溶解一点儿盐或几滴醋，味觉便立刻起作用了。与水不同，饮料都能给人留下印象，因为它们或浓或稀地溶解有滋味的味觉粒子。将不溶解的物质颗粒放入嘴中，舌头是品不出滋味的，因为此时舌头只有触觉，没有味觉。

对于那些坚硬而有滋味的东西，首先要用牙齿将它们嚼碎，接着唾液和其他液体会把它们浸湿，再由舌头将它们压到上腭。这样才能挤出味道，味觉器官才能感受到足够的滋味，并根据滋味决定是否允许这些嚼碎的物质进入胃中。

这套理论虽然还有待深入研究，但它无疑回答了核心问题。即使有人问带来味觉的物质是什么，我们的回答是适于被味觉器官吸收的可溶性物质。如果问味觉物质的运动方式是什么，答案是只要它处于溶解状态并能进入接受、传递感觉的感受器中，便能立即起作用。总之一句话，只有溶解的或马上就能溶解的物质才是有滋味的。

关于味道

味道的品种可谓不可胜数，因为每一种可溶物都不会与另一种物质味道完全相同。另外，由于不同味道之间相互渗透、相互作用，使味道的辨别变得更为复杂难办。从最美味的到最难吃的，从草莓到药西瓜①的所有味道，几乎不可能一一分类。之前所有分类的尝试没有一次是成功的。

这种失败并不令人吃惊，因为我们知道基本味道就已经不胜枚举，每一种又能以各种比例混合产生更多的味道品种，这可能需要一种全新的语言来进行表述，要解释清楚、一一标明则需要连篇累牍地做记录。

迄今为止，所有关于味道的表述都达不到科学无误的程度。我们只好使用一些诸如甜、酸、苦之类的词汇来表达，抑或用好吃和难吃来描述；话虽如此，这些描述对于理解食物的味道已经绰绰有余了。

后人对味道的研究一定会后来居上，超过我们，因为化学的进步将有可能揭示味道产生的来龙去脉和基本组成。

嗅觉对味觉的影响

根据我写作的安排，现在到了探讨嗅觉作用的时候了。嗅觉对于品尝美食起着重要的作用，但是根据我的阅读经验，还没有一个作者对此予以足够的重视。

在我看来，没有嗅觉协助就无法完成品尝的所有过程。我甚至相信嗅觉与味觉实际上是同一种感觉。如果说嘴是实验室，那么鼻子就是烟囱；或者更确切地说，嘴品尝的是有形的物质，而鼻子品味的是无形的气体。

我的论证严谨缜密、不容置疑，但我并不想因此自诩为一门新学派的创始人，我只将它作为研究成果展示给读者，证明我对此进行过深入思考。我还将继续阐释嗅觉的重要性，即便嗅觉不是味觉的组成

---

① 一种苦瓜类果实，常被用作药材。

部分，它也起着与味觉相辅相成的作用。

所有美味一定会产生味道，兼有嗅觉和味觉的特点。吃东西的时候都能感觉到食物的气味，有的当时就意识到了，也有的要回味一下。对于未知的食物，鼻子起到了哨兵的作用，它会喝问："这是啥？"

当嗅觉被阻断时，味觉也将失灵，这可以用三个不同的实验来验证。第一个，当我们身患鼻炎或者严重伤风时，味觉功能也将彻底丧失。这时舌头依然功能正常，入口的美味却变得味同嚼蜡。第二个，在吃饭时用手指将鼻子捏住，人的味觉将变得迟钝。使用这种方法可以吃下最难吃的药而不会引起不适。第三个，用下面的方法可以观察到同样的效果。如果在吞咽食物时将舌头顶住上腭，而不使之恢复原位，气流被阻断，舌头就会尝不出味道。

三个实验证明了同一个道理：没有嗅觉的协作，人就只能感知食物的滋味而不能闻到它的气味。

味觉感知的分析

确定了上述原则，我认为味觉实际上包含三种形式的感觉：直接感觉、整体感觉以及回味。直接感觉是从口腔器官活动中获得的第一知觉，这时食物仍停留在舌头前部；整体感觉由两部分组成，除了第一知觉，还有食物移向口腔后部时给整个味觉器官留下的感觉；最后，回味是大脑对感觉器官传递上来的印象形成的判断。

我们可以通过观察人们吃喝的行为来验证上述观点的正确性。例如，人们吃桃子时会先闻到它散发出来的香气，把桃子放入嘴里，酸甜鲜美的口感会使人继续吃下去。只有当桃子咽下时，香气才从咽部到达鼻腔被嗅觉器官感知，从而完成桃子应产生的感觉。最后，只有当把桃子咽下去之后，人才会对自己的经验产生判断："真好吃啊！"

饮酒的情况也是如此。酒在嘴里时，饮酒者获得的感觉虽然愉悦但不完全，只有当饮下酒之后，他才能真正品味出每种酒特有的醇香。然后还需要再等一会儿，品酒师才能判断出"很好，凑合，很差，或者天呐，这可是香伯坦红酒！嗯，肯定是！"。真正好酒的人会小口品酌，因为这符合我们上面所讲的原则。小口品酌加在一起所带来的愉悦感远比一口气喝下一整杯给人带来的愉悦感更多。

如果味觉受到影响的话，上述过程会更加清楚。想象一下，当一个病人面对着一大杯黑乎乎的药水时会是怎样的可怜，这可是路易十四时期医生常开的药。忠于职守的嗅觉警示病人这种液体令人反感，面对危险的来临，他会睁大双眼。令人作呕的药水刚沾到嘴唇，他的胃里便开始感到恶心难当。医生会鼓励病人要勇敢，于是他鼓足勇气，用白兰地润润喉咙，用手捏住鼻子，把药灌下……当这恶心的液体还在嘴里和舌头上时，他的味觉混乱不清但可以承受。喝完最后一口后，药水余味便向他袭来，味道如此恶心，病人的表情充满着恐惧和厌恶，不亚于面对死亡。

与此相反，如果咽下去的是淡而无味的液体，比如一杯水，我们既感觉不出滋味，也感觉不到余味。液体在头脑中不会留下任何印象，我们饮用它，仅此而已。

味觉的顺序

人类的味觉功能不如听觉强大，听觉可以同时接受和对比多种不同的声音。味觉活动是单一的，也就是说，它不能对两种不同的味道同时产生印象。但当两种或多种滋味接连出现时，同一个品味行为却有可能体验到第二种甚至第三种感觉，只不过每个都比上一个弱。我们用余味、香气等词来描述这些感觉；与此相似，当敲击琴键时，训练有素的耳朵能够分辨出一组或多组和音，但具体数目至今无法精确得出。

粗枝大叶或者急急匆匆的食客无法分辨内在的感受，只有为数不多的人才能把品味过的食物按质量分出高低上下。这些感受既微妙又难以捉摸，回味悠长。而那些学者教授对此毫不知情，他们总是张着鼻孔，伸着脖子，振振有词地宣扬他们的金科玉律。

味觉带来的快乐

现在我们用哲学的眼光来审视味觉所带来的快乐与痛苦。首先必须面对的是一个悲哀但普通的真理，即人体吃苦的能力远超享乐。吃下酸、苦等刺激性物质可以使人痛苦万分，氢氰酸甚至能在人体感觉到痛苦之前就致人死命。

另一方面，令人愉快的感觉还是很有限的，尽管舌头能轻易分辨出平淡无味和味道鲜美之间的差异，而味道鲜美与味道上佳之间的差别却不会大。例如，干硬的牛肉平淡无味，一片小牛排味道鲜美，精心烹制的野鸡才称得上味道上佳。

味觉作为我们天生的诸多感觉之一，只要运用得当，能够为我们带来种种极乐享受：

（1）只要饮食有度就不会引起任何疲劳。

（2）味觉具有超越时间、年代和条件的普遍性。

（3）人类每天至少进餐一次，也可以重复两次、三次而毫无不适。

（4）可以与我们其他的享乐方式并存，也可以弥补其他享乐方式的缺失。

（5）味觉感受到的印象既能持久又不依赖我们的意愿。

（6）最后，当人类吃东西时，能体验到一种无以名状的独特幸福，它是发自我们内心的感受。因此，仅仅通过"吃"便能抚平创伤、益寿延年。

这一主题我们将在"宴席之乐"一章中专门探讨，内容涉及从人类文明的早期直至现在的演化过程。

人类优越论

从小我们理所当然地认为在所有动物当中，不管是地上爬的、水里游的还是天上飞的，人类的味觉是最完美的，不过这一观念正面临挑战。盖尔博士（DoctorGall）根据某种我所不了解的证据，主张某些动物的味觉器官比人类更发达、更完美。这让我们一时难以接受，略有异端邪说的味道。

作为万物之灵长的人类尽享大自然的优越，正因为如此，人需要拥有一个能够享受所有美味的器官。

动物的低智商注定了其舌头的粗糙不佳。鱼的舌头只不过是一块可以活动的骨头，鸟的舌头主要由黏膜软骨构成，四足动物的舌头常常是粗糙或表面有鳞，做不了旋绕动作。人类的舌头则全然不同，它结构精巧，表面有紧密的薄膜，注定具有不同凡响的功能。

再者，我发现人的舌头可以进行三种不同的运动，即伸舌、旋转、横扫。第一种动作是舌尖从两唇之间伸出；第二种动作是舌头在上腭与下巴之间的空间里做圆圈运动；第三种动作是舌头向上或向下弯曲，在牙龈与嘴唇之间做横扫动作。这个动作可以清除卡在这个半环形区域里的食物。

动物的味觉各有局限，有些只吃蔬菜，有些只吃肉食，还有一些只吃谷物，总之没有一种动物能对各种滋味形成一个全面的认识。人类则不同，只要能吃的东西他都吃，因此，他们必须拥有相应足够的味觉能力。人类的味觉机能达到了少有的完美境界，为了说明这个事实，不妨看一看它是怎样工作的。

无论是气体还是液体的食物一旦入嘴，就会被照单全收。先是嘴唇切断了食物的退路，然后牙齿撕咬并碾碎它，唾液浸泡它，舌头搅拌它，吞咽产生的气流使食物向咽部移动，之后舌头竖起来帮助它向下滑，食物的香气被嗅觉器官吸收，接着食物就往下运动到胃里，在胃里经过彻底消化。整个过程中，没有哪一个颗粒、哪一滴汁液或哪一粒原子能够逃脱被彻底品味的命运。

正是这种完美的消化系统才完美地把人类打造成了自然界独一无二的美食家。

人类对美食的挑剔甚至具有传染性，人类根据自身需求而形成的饮食观念被转移到人类伙伴的身上，诸如大象、狗、猫，甚至鹦鹉。有些动物舌头更大，上腭更发达，咽喉更粗大。究其原因，舌头大是为了举起更重的食物，上腭发达是为了能挤压食物，咽喉粗是为了能一次吞下更多食物，但这些解剖学的证据不足以证明它们的味觉系统更完美。再者，由于味觉的价值在于它能够引发情感活动，动物对食物的感受肯定不能与人类相提并论。人类的感觉更加清晰明确，这也证明其味觉器官更加完善。

最后，古罗马的美食家单凭味道就能说出一条鱼是在桥的上游还是下游被捕到的，拥有如此灵敏的味觉器官人类还有什么抱怨呢？今天不也有诸多美食家能察觉出站着睡觉的山鸡腿的鲜美之处吗？更有人仅凭品尝葡萄酒即可说出葡萄生长的纬度，其胸有成竹的水平堪比物理学家毕奥或阿喇果的学生预测日食的能力。

接下来说点什么呢？我们必须提及恺撒大帝，他称人类是大自然的美食家。如果一个好医生时不时地模仿荷马来上一句"有时困乏得很……"，我们也不必大惊小怪。

作者的研究方法

到此为止，我们只在物理层面对味觉做了一番探讨，除了一些无关紧要的解剖学细节外，我们基本上坚持了科学的研究精神。但是我们的任务还远未结束，因为味觉这种补偿型的感觉需要从人类精神史角度分析其重要性。

因此，我们认真分析了那部分历史，对其中的事实、理论进行了梳理，以避免讲解时的枯燥乏味。在接下来的章节里，我们还将讲到不同的感觉是如何通过重复和反射来增加感官的功能，以及原本只是本能的饮食是如何变成一种激情并赢得了社会各阶层的青睐。

我们还将讲述科学是如何对那些影响味觉的物质成分进行划分和确定的，以及旅行者如何把本地没有的东西从世界各地带回的。我们也将沿着化学研究的路径走进隐秘的实验室，探究科学是如何启发厨师、确立原则、创新观念，从而向人类展示了美食的种种秘密。

最后，我们将看到一门包括了营养、康复、保健、说服、安慰的新学科在时间和经验的合力下，是如何迅猛兴起的。这门学科并不满足于在个人道路上取得成就和追求，而是旨在服务于国家的强盛和繁荣。

假如我在严肃的著书立说过程中偶尔想起一些趣闻逸事、一段美好回忆，或者是传奇人生中的几则冒险故事，我不会刻意压制写下来的冲动。亲爱的读者，显然这个数目不会让我失望，无疑会乐于不时休息一下，我们也很高兴能拉近与读者的距离。如果读者是男性，我们相信他们一定是睿智幽默的；如果是女性，那她们一定是美丽迷人的。

这个主题引发了教授的亘古幽思：他的思想回到了味觉科学的幼年时期，然后穿越黑暗的中世纪，又回到科学发展日新月异的今天。他清楚地认识到前人总是不如后人幸运，于是他用里拉琴伴奏着吟唱多利安风格的历史哀歌。

详见本书下篇《饕餮奇遇记》。

论美食学

科学的起源

智慧女神密涅瓦可以全副武装地从朱庇特的脑中一跃而出，科学可没那么容易。各门科学都是时间的女儿，先要从经验中摸索出方法，然后再从方法中归纳出原理。

因此，那些因富有智慧而被请到病人床边的老者，以及那些因为富有同情心而去给他人包扎伤口的人，称得上是最早的医生。古埃及牧民们观察到某些星星在天空中经过一段时间后又返回到原来的位置，这些人就是最初的天文学家。那个最早创造符号表达"2+2=4"这一简单命题的人就是算术的缔造者，正是数学将人类提升到宇宙之王的地位。过去六十年里，新的科学不断涌现，拓展着人类的认识领域，包括气象学、画法几何学，以及气体化学等。

所有这些学科都是数代人思想的结晶，而印刷技术使它们免于损毁得以流传。比如说，没准将来气体化学就能征服现在桀骜不驯的元素，而且完全有可能将这些元素按照我们至今未知的比例进行反应，以得到新的物质和结果，这将极大地拓展我们的能力。

美食学的起源

美食学应运而生，所有姊妹科学都欢迎她的降临。

谁有理由拒绝美食学呢？她旨在使我们生活得更舒适、爱情更甜蜜、友谊更牢固，还能化解仇恨，让事情变得更顺利。在我们有生之年，她是唯一一种从不令人厌倦的享乐方式，能在我们稍事休息之后，迅速振作起来。

备餐工作一度交由下人来进行，饭菜端上楼，而烹饪的秘密也就随下人留在楼下了。当只有厨师一人掌握烹饪的技巧，其他人只能看看菜谱时，这些美食不可以称为艺术品。

直到此时，科学家才终于姗姗来迟、粉墨登场。他们对食品进行检验、分析和分类，将其还原为简单的元素。他们破解消化的秘密，通过研究物质的变形过程，探究它们如何发挥作用。他们也考察了节食的作用，时间有长有短，少则一天，长则一个月或者整个一生。

科学家们也注意到了饮食对思维的影响，研究思维是受控于感觉还是自成体系不需要与其他器官合作；经过他们的不懈努力，一个宏大的理论浮出了水面，该理论可以解释人类和一切动物的行为。

当这些知识活跃于学术界时，沙龙中开始流行一种说法：给人营养的学科至少应当与教人如何杀人的学科具有同等价值。诗人们吟诵宴席和读书之乐，因其观点和准则的深刻而备受读者关注。美食学正是在这样的社会大背景下产生的。

美食学定义

美食学是人类关于营养问题的理性解释，目标是探寻最好的营养方式确保人类的健康福祉。在美食学原则的指导下，人们可以去寻找、提供或者准备种种食材。一句话，美食学的服务对象是所有从事与食物相关工作的人员，包括农民、渔民、猎人、葡萄种植者，还有厨师。

美食学涵盖下列领域：自然史，它对食材进行了分类；物理学，它考察了食材的性质与构成；化学，它对各种食材进行水解和催化实验研究；烹饪，它研究制作菜肴的艺术，追求可口的味道；商业，它追求原料成本的最小化和产品市场价值的最大化；最后，还有政治经济学，它看中的是食品业对国家税收的贡献和国际交流的价值。

可以说，美食学伴随人的一生。新生儿啼哭是为了吃奶，临终者乞求喝下最后一口他永远不会消化了的药水。美食学影响社会各阶层的生活，如果说国王的宴席讲究食不厌精，那么当你煮鸡蛋时，它也会教你如何把握火候。

美食学的研究对象是一切可果腹的东西，其直接目的就是为了人类的生存。为此它研究如下内容：种植业、工业、商业，以及从事生产、加工和贸易的人员。最后还有饮食经验，从而可以帮助人们最大化地整合上述内容。

美食学的研究内容

根据美食学的研究，味觉器官既可以是愉悦之源又可以是痛苦的开端。一方面，随着味道的加重，人们兴奋感也在提升；另一方面，如果某种味觉超过了一定的度，人们就会唯恐避之不及了。

美食学还考察食物对人的性格特征、想象力、幽默感、判断力、勇气和观察力的影响，不论他是清醒是睡眠，是在活动还是在休息。美食学还告诉我们各种食材要怎样烹制才最好吃。

有些食材不能等到长大成熟时再吃，如酸豆、芦笋、乳猪、乳鸽，以及其他类似的畜产品；有些食材必须等到完全成熟时食用，如瓜类、大部分的水果、羊肉、牛肉以及某些成年动物的肉；还有些食物必须等到开始分解时食用效果才最佳，如枇杷、山鹬，还有野鸡肉；最后，有些诸如土豆、木薯之类的植物必须去掉毒物质后才能食用。

美食学会根据食材的特点进行分类，探讨怎样搭配膳食最合理。通过测算不同食物的营养成分，确定哪些食物是我们的主食，哪些食物只适合做副食。此外，美食学还要帮助我们确定哪些食物虽非必需，但能为人类带来愉悦，从而成为宴饮欢聚的必选。

美食学也根据季节、地域、气候等条件，帮助我们遴选有益的饮品，它还教给我们如何制作、保存这些饮料。尤为重要的是，美食学还告诉人们这些饮料的饮用顺序，以确保我们能尽享其妙，同时也不会滥饮无度。

最后，美食学还关注各国风情、注重知识交流，一桌上佳的宴席是整个世界的缩影，每个地方的特色食品都会有相应的展现。

美食学的用途

美食学的知识很重要，因为它能给人类带来莫大的欢愉；而且越是社会地位高的人，越是看重美食学的重要性。不管是出于政治追求、个人喜好还是风俗时尚的考量，越有钱的人越离不开它。掌握一些美食学知识能使他们在餐桌上充分展现自己的个性，借机考察那些他们需要信得过的人；在不少情况下，他们还在餐桌上做出相应的决策。

有一天，苏比斯亲王要举行一个招待会晚宴，于是他派人去安排菜单。早晨，管家来到他的床边，手里拿着一张精美的卡片，最先映入他眼帘的一项是五十只火腿。亲王喊道："伯特朗，你疯了？！五十只火腿！你想宴请一个团的士兵吗？"管家说："殿下，息怒。餐桌上只需要上一只火腿，其他的我要用来做调料、酱、装饰菜……"亲王说："伯特朗你这个贼子，我不会批准买这么多的火腿。"管家强压住心头的怒火，回答说："殿下，您哪里了解做菜的原料！您只是发一句话，而我们得把这些火腿一块块塞进那些比拇指大不了多少的玻璃瓶里！"面对如此坚决的表态，亲王又能说些什么呢？亲王转怒为喜，点头批准了该项花销。

美食学的影响力

众所周知，原始社会的人类一般都在饭桌上谈论重要的事情，野蛮人总是在酒酣耳热之际决定是选择战争还是和平。到乡下走一圈，你会发现村民也都愿意泡在小酒馆里商谈事情。

说到身居高位的达官显贵，他们当然也明白一个饥肠辘辘的穷人与一个酒足饭饱的富人的不可同日而语，一桌饭菜对于谈判双方的作用非同小可：吃饱喝足之后，人更容易受到影响而产生认同感，这便是政治美食学的起源了。饮食之道俨然已变成了治国之道，要知道许多国家的命运就是在宴席上决定的，这个论断既非奇谈怪论也非时髦新说，而是直陈事实。读一下从希罗多德至今的历史学家的著作，你会发现所有的大事小情、阴谋诡计无一例外都是在饭桌上构思、策划和筹备的。

美食学院

总之一句话，美食学的研究领域称得上是包罗万象，而且随着研究工作的不断深入还将继续得到发展。在不远的将来，美食学这门学科一定会拥有自己的专业研究学者、学院、教授以及奖项。

首先，一些热心而富有的美食家将会定期在自己家里举行聚会，知名的美食理论家将会与美食践行者如约而至，他们将一同探讨和研究食品科学的方方面面。接下来（就像所有学科的发展史一样），政府将通过支持赞助、立法规范、保护等手段介入，以资助研究项目的方式，解决那些由于战争而失去父亲的孩子的生存问题。

创立这门学科的人将名垂青史，流芳后世，他的名字将与诺亚、酒神、农神以及一切人类历史中的伟大名字一起并存；他在群臣中的地位就像亨利四世在诸多君王中的地位一样显赫，他的功绩将世世代代被人传诵，尽管没有法律强迫。

论食欲

食欲的定义

运动和生存不断消耗着生物体内的能量。人的身体就仿佛一台精巧的机器,假如没有上天安排的预警系统,很快就会因能量的入不敷出而垮掉。这个预警系统就是食欲,也就是吃饭的欲望。食欲由胃部的倦怠以及身体的轻微疲惫引发,与此同时大脑会给予能满足需求的东西更多关注,人们更容易回忆起好吃的东西,就仿佛在梦中一样。这种状态令人心神摇荡,我听过无数美食家发自内心地说:"胃口好的人快乐多,尤其是当你知道有一桌美味佳肴正在等你去品尝的时候!"

此时人体的整个消化系统都会处于兴奋状态，胃开始变得敏感，消化液分泌增多，肚子里发出咕噜声，口舌生津，所有消化器官全都严阵以待，就像士兵们只等一声号令便会向前冲锋。再过一会儿，人体就会出现阵阵痉挛，不由自主地打哈欠、胃痛、饥饿等现象。

我们可以很轻易地在等待用餐的人群中发现上述种种现象。这些状态出自人的本能，绝非礼貌和克制所能掩盖，因此我总结出一条隽语："守时是做厨师最不可或缺的品德。"

奇闻轶事

古罗马的墓志铭说，"我是重要的亲历者"。下面我通过一次自己对宴会的观察来解释这句格言的含义，正是观察的乐趣让我摆脱了种种不快。

有一天我应邀到一位政府高官的府上参加宴会，请帖上注明在17时30分开席。客人们都准时到达，因为大家都知道主人时间观念很强，如果有客人迟到，主人有时候会大为光火。

我惊讶地发现空气中充满着不安和躁动，食客们交头接耳，有人不断地向窗外的院子张望，还有些人一脸麻木和默然。很明显，一定发生了什么不寻常的事。我走上前去，选了一位我认为最有可能满足我好奇心的人来了解情况。他十分沮丧地回答说："哎，主人刚才有事被召去枢密院了，谁知道他何时才能回来？"我用一种满不在乎的神情掩盖住真实的感觉，说："这点儿小事有什么了不起？顶多一刻钟就能完事，也许只有他能提供人家需要的信息，他们应该知道这是正式的宴会，没理由让我们饿肚子久等吧。"嘴上虽然这么说，我内心深处甚觉不爽，恨不得能身在别处。

第一个小时过得很快，熟人和朋友凑在一起闲聊，但是琐碎乏味的话题很快谈腻了，客人们开始猜度我们的尊敬的主人为何要去杜伊勒里宫。第二个小时，烦躁的情绪已十分明显，客人们的眼里传递着焦虑，更有三四个人因不满而开始嘀嘀咕咕，他们由于没找到座位，显得不耐烦了。等到第三个小时，不满的情绪蔓延开来，每个人都叫苦不迭。有人说："他啥时候能回来？"另一个人说："他现在想什么呢？"第三个人说："我快挺不住了。"所有人似乎都在考虑这个难题：是走还是留？

又一个小时过去了，人们的不满情绪愈加明显，他们伸胳膊、伸懒腰，旁座的人还得留神眼睛不被戳着；哈欠声此起彼伏，人们的脸色因为愠怒而涨得绯红。即使在我斗胆说出"给我们造成痛苦的人其实最痛苦"时，也没人应和我。

一个小插曲暂时分散了客人的注意力。有一位客人与主人关系比较好，他径直溜达进厨房，回来时激动得喘不上气来，脸上的神情仿佛见到了世界末日一样。他说话含混不清而又闷声闷气，既想让人听见又怕人听见一样。他说："主人离开时什么也没交代。因此不管等多久，在他回来以前不会上饭菜。"他的一席话所带来的惊恐绝不亚于末日审判的号角。

在我们这些可怜的牺牲品中，最可怜的当属巴黎无人不知的富豪代格勒富伊，他整个一副受罪相，脸上的痛苦神情仿佛雕塑拉奥孔。他脸色苍白，神不守舍，瘫软在椅子上，两只小手搂着大肚子，双目紧闭不像是睡觉而像是在等死。

死神并未降临。将近22时，院子里传来一阵车马声，客人们不由自主地站了起来。悲伤转化为欢乐，五分钟之后我们便在餐桌上就座了。不过大家的食欲却都丧失殆尽了。在这样一个不恰当的时间进餐也是一件不寻常的经历，虽然嘴在吃，而肠胃却没有同步工作。我后来了解到，这顿饭给好几个客人带来了身体上的不适。

这件事给我们的教训是饿得太久后，不要立即吃东西，而是应该先喝一杯糖水或肉汤缓解一下饥饿感；然后过上十或十五分钟再吃，否则胃会因为痉挛而被突然而至的食物撑坏。

大胃王

早期的文学作品提到邀请两三个人进餐，要给每一个客人准备大量的食物。我们不难得出如下结论：早期人类的食欲远比今天的我们强大。古代的人认为饭量的大小关乎个人的尊严，宴会上分得五岁小牛的整个脊骨的人要喝的酒，他几乎拎都拎不动。

今天，很少有人曾亲眼目睹过去人们狂吃豪饮的情景；但历史文献的记载可谓不胜枚举，古时候的人即使对十分难吃的东西也表现出难以置信的贪婪。在这里，我不准备与读者分享那些令人不快的细节。我想讲一讲自己参加过的两次宴会，读者诸君是否认同我的观点要靠自己判断。

大约四十年前，我曾拜访过法国东部布雷涅地区的一位神父。他身材魁梧，食欲旺盛在当地赫赫有名。我到达时还不到中午，他已经在餐桌前将汤与炖肉一扫而光了。接下来，他吃的是一根皇室羊腿，外加一只大阉鸡以及一大盘沙拉。

他见我进门，立刻邀请我入座与他共进午餐，不过我推辞了，事后看来这是一个完全正确的决定。因为不需要我帮忙，他轻松地吃完了眼前的食物：羊腿和阉鸡吃得只剩下了骨头，沙拉也见盘底了。

一大块白色的奶酪随后放到了他眼前，他以 90°角切下一块来，就着一瓶红酒和一大杯水将其吃下，才算酒足饭饱。令我倍感愉悦的是，在整个四十五分钟的进餐过程中，这位可敬的神父都显得从容不迫，他大吃大嚼丝毫没有影响他谈笑风生、高谈阔论，健谈得仿佛吃了一对百灵鸟。

说起能吃来，柏森将军也毫不逊色，他每天早餐都能神情自若地喝下八瓶红酒。他的杯子比别人的都大，喝起来速度更快，给人的感觉是他毫不费力。对于将军来说，喝下两加仑酒与喝一杯白水没什么区别，丝毫不会影响他嬉笑怒骂、发号施令。柏森将军的名字让我想起我的另一位勇武的同胞，西比埃将军，他曾担任马赛纳将军的助手，1813 年在战场上英勇牺牲。将军十八岁时胃口就很大，天生的好胃口预示着他日后的不凡。有一天晚上，他来到一家小店的后厨，这家小店里常聚集着一群酒肉朋友，他们一边吃花生一边品尝当地特产——未经发酵的白葡萄酒。

此时，一只硕大肥美的火鸡刚从烤叉上取下，烤得外表焦黄，恰到好处，香气扑鼻，无人能抵挡其诱惑。酒友大都已经吃饱，并未留意这只烤火鸡，可是西比埃的胃口却一下子给激发起来了。他开始流口水，大声喊道："我刚刚吃过饭，不过我敢打赌我一个人能把这只火鸡吃下去。"

在场的又一位身材魁梧的农民回敬道："你若能一口气吃完，我付钱，若是半截停下来，你付钱，剩下的火鸡归我。"赌局很快开始了，只见这位小伙儿（西比埃）麻利地撕下一个鸡翅，三口两口就吃下去了。接着又啃完了火鸡的脖子，中间还喝下一杯葡萄酒，算是清洁下牙齿。随后他又吃下了一只火鸡腿，与刚才吃鸡翅一样镇定自若。跟着他又喝下去第二杯酒，准备消灭剩下的食物。

第二个鸡翅也像第一个一样很快不见了。再看这位小伙儿精神愈加抖擞，抓起最后一根鸡腿，张嘴要吃。此时那位可怜的农民无比沮丧地喊道："嗨！我认输了！西比埃先生，既然是我付钱，怎么着也得给我剩口吧！”

　　年轻的西比埃是个棒小伙，后来参军入伍又成了一个好军人，他应允了打赌人的请求，把余下的火鸡肉留给了那个农民。农民高高兴兴地付了鸡钱和酒钱，体面地离开了。西比埃将军总是爱给人讲述年轻时的这件事，他说答应那个农民的请求是出于礼貌，他完全有能力打赢那次赌。要知道他四十岁时胃口仍然足以让他胜任年轻时的那场赌局。

论食物

定义

什么是食物?

流行的解释:食物就是一切能够提供营养的东西。

科学的解释:食物一词指那些被我们吃进胃里可以被消化吸收,从而弥补由于生活劳碌带来的身体损耗的物质。

因此,食物的特征在于它能够被动物消化吸收。

分析研究

人类的食物来自动物界和植物界,我们至今从矿物中只提炼出了药品和毒药。自从分析化学成为一门科学以来，人类已在构成身体元素的两重性方面得到了许多新发现，这些物质似乎具有天然修复损伤的能力。

研究思路也极其相近，因为构成人身体的物质在很大程度上与他所吃的动物相同，因此重要的是要发现植物与人体的相似性，以搞清人为什么能吸收同化。经过艰苦认真、卓有成效的研究，我们沿着人体和给人体提供营养的食材两条线索深入到它们的间接组成部分，最后又深入到基本元素。至于基本元素以下，我们至今尚未企及。

写到这，我本想插入一篇关于食品化学的小论文，把读者引入到那些构成他们身体，也构成食物的千百万个碳、氢元素的世界。转念一想，我决定不这么做，这些论文对于真正想看的读者来说不难找到，没有必要在这里重复引用。再有，我也不想硬塞给读者一段枯燥的细节，因此我决定把论述压缩到合理的术语范围之内，目的是尽可能用通俗易懂的语言展示更重要的研究成果。

肉香质

当代化学对食品学最突出的贡献就是肉香质的发现或者理解。肉香质是肉类主要的味觉物质，可以溶于凉水，而其他成分则只能溶于沸水。

肉汤之所以味道鲜美，关键就在于肉香质；焦黄的烤肉散发着扑鼻的香气也是由于肉里面含有肉香质；鹿肉和其他野味的美味也来自于肉香质。肉香质主要存在于身体健壮的成年动物身上，而在所谓的羊羔的白肉、乳猪、雏鸡以及大型鸟类的翅膀和胸脯中很少存在；这是真正的美食鉴赏家为什么对鸡屁股特别青睐的原因，也可见味觉的本能走在了科学的前头。

肉香质被发现以前，厨师们对其特性有一个逐渐认识的过程。在这个过程中，不知有多少厨师因坚持倒掉头次煮肉的清汤而丢掉了工作。虽然当时还没有"肉香质"这个词，但人们已经认识到它对美味高汤的特殊贡献。时人把肉汤烩饼作为汤药补剂的做法，促使卡农·夏弗利埃发明了带锁和钥匙的锅。夏弗利埃的名菜"星期五菠菜"总是从周日就开始烹制，然后每隔一天用新鲜黄油重新烹制。

人们对肉香质这种神秘物质的好奇和猜测很早以前就开始了。俗语里就保留了对其重要性的认识，比如说：要想炖好汤，必须锅来帮。该俗语源自哪个国家已无从考证，不过有一点是肯定的，即在肉香质发现前的许多年里，我们的祖先早就发现了它的妙用，只是最近才发现了肉香质本身。这个过程有点儿像酒精的历史：一代代的饮酒者醉倒过，只是到了后来人类才发现通过蒸馏将其提纯的技术。

经过沸水的处理肉香质便得到了通常所说的提取物，它是包含肉汁的两种主要成分的合成物。

食物的成分

纤维是构成肌肉组织的物质，经过烹制后仍清晰可见。经沸水煮制后，仍能保持原有形状，只是最外层的纤维可能有所剥离。切肉时一定要注意使刀刃保持与肉的纤维方向呈垂直或近似于直角，这样切出来的肉更美观，更有味道，也更容易嚼碎。

骨头主要是由胶质和磷酸钙构成，随着年龄的增长，胶质的数量呈下降趋势。七十岁的人，骨头简直就像充满裂缝的花岗岩。老年人的骨头十分脆弱，必须防止其跌倒。

蛋白质存在于肌肉和血液里，当温度达到一定程度，蛋白质就会凝固。牛肉汤表面上的一层油皮就是由蛋白质构成的。

胶质存在于骨骼与软骨中，突出特点是在常温下呈凝固状态。而当热水中含有百分之二点五的胶质时，也足以产生凝固的效果。胶质是制作肥肉冻、瘦肉冻、牛奶冻以及其他类似食品的原料。

脂肪是存在于细胞组织之间的一种固态油。在猪、家禽、雪鹀鸟、比卡丝莺等动物身上，由于自然原因或人为干预，脂肪达到了超常水平。在一定条件下，会使这些动物的肉味更加鲜美。

血液是由蛋白血清、纤维蛋白以及少量的胶质和肉香质等构成的。它可以在热水中凝固，从而成为一种营养极其丰富的食品原料，比如用于制作黑布丁。

我们上面提及的所有成分都是人体和通常被人类食用的动物所共有的，这就不难解释为什么动物性食品对人类的健康和活力如此重要。因为动物身上的构成元素与我们人类几乎一样，人类消化吸收这些动物性营养成分比起消化吸收植物要少一道"动物化"的工序。

植物王国

世界上的植物品种繁多、应有尽有，也是人类重要的营养来源。比如，淀粉本身非常有营养，无须添加任何辅料。我们所说的淀粉指的是从谷物、豆类以及土豆之类的某些植物的根和种子中提炼出的粉状食材，是制作面包、蛋糕以及各种粥类食品的原料，因此是动物界最重要的营养来源之一。有人认为只吃淀粉类食物会降低人的纤维构成，甚而让其丧失勇气。印度人只吃大米，因此对外族的奴役从来不做反抗，这一事实常被引用以证明上述观点。

几乎所有的家养动物都爱吃淀粉，而且吃的膘肥体壮，这是因为它们原本的食物只是新鲜或者晒干的植物，营养成分上比不了淀粉。

糖也同样重要，它既是食品也是药品。糖原产于西印度群岛及美洲殖民地，19世纪初传入法国。人类在葡萄、蔓菁、栗子尤其是甜菜中都发现了糖，可以毫不夸张地说，欧洲在糖料生产方面完全能够自给自足，而不必依赖美洲或西印度群岛。这个例子说明科学可以为社会做出重大贡献，将来更会大有可为（参见后文有关糖的一节）。

不管是固态的糖还是存在于各种糖料作物中的糖分，营养都极其丰富，动物们也都爱吃。英国人把糖掺进赛马的饲料中，发现马的耐力有了大幅提高。路易十四在位时期，糖只能在药店里出售，不过糖的普及催生了一批赚钱的行业，如甜点店、糖果厂以及饮料厂。

甜味剂也是从植物中提炼的，但必须与其他食品混合才能食用，因此，人们一般把它看作是一种调味剂。面筋是面包能发酵的主要原因之一，它也存在于奶酪里。化学家甚至认为它是动物性物质。巴黎有一种专门为儿童和鸟类制作的蛋糕，当然有些地方成年人也吃，这种蛋糕的主要成分就是面筋，就是从采取过水工艺的淀粉中提取出来的。

胶汁中真正有营养的部分是它包含的塑形剂。如果急需的话，树胶也可以充当食物，因为其成分与糖相同。植物胶是从某些水果中提取的，如苹果、醋栗等，这些水果都可做食物。加糖以后，植物胶的质量会有所提高，但永远比不过从骨头、角、牛蹄、鱼胶等中提取的动物胶有价值。这些食品通常都具有易消化、养颜、健体之功效，因此是厨房和面包房里的常备品。

斋戒与开斋的区别

上文提到，肉汁主要是由肉香质和其他提取物构成的，这些物质在鱼类身上并不具备。除此以外，鱼类与所有陆生动物一样，也是由纤维蛋白、胶质以及蛋白质构成的，因此我们完全有理由说肉汁就是斋戒与开斋的分界线。

进一步研究斋戒的饮食可以发现，鱼类含有一定数量的磷和氢，它们都是自然界最容易燃烧的元素。所以说鱼是一种高热量的饮食，我们必须承认过去人们信仰某些宗教戒律是有其合理性的，这些宗教要求人们戒绝一切刺激性的食物，这对于那些饮食习惯恰恰相反的人更为必要。

个人观察

对于食物的生理学研究我就讲这么多吧，但不妨提一下我的个人观察，仅供验证。几年前，我曾到巴黎郊区塞纳河畔的一个村庄里走访一所乡间民居。该村对面是圣丹尼斯岛，当地共有八户渔民的草房。路边玩耍的男孩女孩的数量差令我倍感诧异。

我向划船渡我过河的渔民说出了我的疑问。他回答说："先生，我们只有八户人家，共有五十三个孩子，其中四十九个是女孩，只有四个男孩，四个男孩中有一个是我的孩子，瞧，他在那儿。"说着，他得意扬扬地站起来，指给我看一个五六岁的小孩，那个小家伙正坐在船头生吃小龙虾。如今，这个小村庄的名字我已经记不清了。

通过我十年前的这个观察，以及其他我不能清晰描述的事情，我开始相信吃鱼对胎儿的性别影响巨大，但这个观点并未引起广泛注意。最近贝利医生通过对长达一个世纪的观察资料的研究，发现凡是在生育普查中女婴多于男婴的年份都是灾荒年。这或许是嘲笑那些生不出男孩的丈夫的起源，他的这份研究报告支持了我的观点。

食物这一话题，不论是泛泛而谈还是专门讲述各种不同搭配，都可以讲很多东西。我希望上文所讲的东西可以满足大多数读者的需求，至于少数有特殊需求的读者，我只好请他们查阅相关的专业论文了。最后，我想以两个有趣的结论来结束本章。

首先，动物与植物在营养物质的吸收方式上十分相似，也就是说，营养物质通过消化器官的过滤系统被身体吸收，转化为骨肉、毛发、指甲等不同组织，这有点儿像在同样的土壤中喷上同样的水，种植不同的种子就会长出小萝卜、莴苣、蒲公英等不同的植物来。

其次，生命机体中发生的反应与理想状态下的化学反应结果不可能完全一样。消化器官的功能就是维持生命和活动，会让所处理的食物发生巨大变化。大自然总是给自己披上一层神秘的面纱，不肯轻易让人类揭开它；它隐藏在自己的实验室里，随意变幻着形态。我们都知道人体是由钙、硫、磷、铁以及十余种其他物质构成的，但要搞清这些物质是如何依靠日常饮食来维持运转并实现新陈代谢，却不那么容易。

论特色菜

引言

当我着手写作之时，全书的内容框架已成竹在胸。但真正开始后，写作速度仍然很慢，这是由于我得花一部分时间从事一些更严肃的工作。

我发现有许多自认为独享的东西其实已被别人捷足先登。有关化学和药物基础知识的书籍已被大众所熟知，我本来计划推介的学说已被广泛普及。例如，我本来写了好几页关于肉汤化学研究的东西，但我发现有好几本最近出版的书中都有类似的内容。

相应地，书的那一部分必须重新修订，除了保留少许基本原理和较新的理论以及基于我长期经验的心得外，其余一概删去。希望这样读者看起来还会有些新鲜感。

砂锅炖牛肉、蔬菜浓汤等

砂锅炖牛肉的要领是把牛肉片放入淡盐水中煮制，将牛肉中的可溶成分煮出，煮过牛肉的汤叫牛肉清汤。煮过的牛肉因为可溶成分已被榨干，我们称之为清炖牛肉。水最先溶解的一部分是肉香质，接下来的是蛋白质。当温度达到一定程度，蛋白质就会凝固从而形成浮在肉汤表面上的一层泡沫，人们通常将其去除，剩余的肉香质与肉汁等随后也进入汤中。最后，在沸水不断翻滚的作用下，肌肉的纤维外层也会剥落下来。

要想做出美味的肉汤，最重要的是用小火慢炖，才能避免蛋白质在溶解到汤里之前就凝固到肉中；小火慢炖的火一定要足够小，这样肉中的各种成分才能逐步溶解到汤里并且混合均匀。

人们习惯于把蔬菜放入肉汤，使其味道更为鲜美，如果添加面包或面饼则更具营养。牛肉汤里加上这些东西后，就称为蔬菜浓汤。蔬菜浓汤易于消化、有益健康、富有营养，是老少皆宜的食物，它能改善胃的消化吸收功能。易发胖的人则应当喝清汤而不应吃蔬菜浓汤。人们常说只有在法国才能喝上优质的蔬菜浓汤，我自己的游历证明此言不虚，其实这也是意料当中的事，因为浓汤是法国民族饮食的基础，几个世纪的实践自然使它日臻完美。

清炖牛肉

清炖牛肉是一种非常有益于健康的食品，它既能充饥又易于消化。不过由于牛肉在煮制过程中失掉大部分最有营养的肉汁，所以它的营养成分有缺失。一般来说，煮过的牛肉分量将减少一半。吃清炖牛肉的人可以划分为四种：

第一种是因循习惯的受害者，他们吃炖牛肉是因为他们的父亲吃炖肉，而且这些父亲希望自己的孩子与自己有相同的喜好；第二种是脾气急躁的人，他们不喜欢在饭桌前安静地待着，一看到上菜就迫不及待地先吃为快；第三种是粗心大意的人，他们愚昧不化，视吃饭为例行公事，餐桌对他们来说，就像沙滩之于牡蛎；第四种是贪婪无度的人，他们急于掩饰自己饭量大的事实，因此会迫不及待地先嚼点儿东西来缓解强烈的食欲，为紧接下来的饕餮进餐做铺垫。

出于对美食信条的坚守，教授们绝对不会吃炖肉。他们常常在课堂上向学生宣称，"清炖牛肉是缺汁少味的肉"。[①]

美味家禽

我是"第二因"理论的拥护者，坚定地认为上帝创造家禽的目的就是为了丰富人类的餐桌和食品柜。大到火鸡小到鹌鹑，不管是什么家禽都具有味美、易消化的特点，病体痊愈者和身体康健者一样可以食用家禽肉。在医生不干预饮食的情况下，没见哪个病人不爱吃熟透的鸡翅，爱吃鸡翅说明病人很快就能康复并将重返社会了。

不过由于人类不知足的天性，常常不满意家禽的肉质，便在改良的幌子下对它们进行了人工干预，将其沦为人类的牺牲品。如今人工孵化取代了自然繁衍，家禽被人类幽闭在与世隔绝的地方，强迫它们吃催肥饲料，结果它们一个个体形大到在自然状态下绝不可能达到的

---

① 这个理论已逐渐被人接受，有见识的主人现在已经不让炖肉出现在正餐中，取而代之的是烤肉、比目鱼，或者一道用红酒和蘑菇炖的肉、家禽或鱼。——原注

程度。我无法否认这种反自然的养殖方法也培育出了美味佳肴，但这些上得了大雅之席的鲜嫩美味的背后居然都是上述的野蛮、邪恶的罪行。

家禽经过品种优化后，成为厨房必不可少的原料，其重要性不亚于画家的画布、骗子的道具。家禽的做法有很多，可以煮、烤或炸着吃，可以热着吃也可以凉着吃，可以整吃也可以零吃，还可以浇汁，还有剔骨、去皮、填馅等吃法，无一不鲜。早在大革命以前，法国曾有三个地方争夺优质家禽基地的称号，这三个地方是科镇、勒芒和布雷斯。

若论阉公鸡，哪家属第一确实不好说，不过一般来说前两家略胜一筹；但若论小母鸡，则布雷斯绝对无可匹敌，号称一绝。它们体形浑圆如苹果，即使在巴黎也不常见，只能偶见于还愿者的供品篮中。

论火鸡

若论新世界带给旧世界最好的美食礼物，非火鸡莫属。

有些自以为是的家伙固执地认为古罗马时代的人类就爱吃火鸡，查理曼大帝的婚宴上也有火鸡，因而否认是耶稣会教士将这一美味带回欧洲的说法。

让我们用两点事实反驳这些人的谬论：首先，"火鸡"一词在法语中意为印度鸡，因为美洲一开始被称为西印度群岛，人们把它的原产地搞错了；其次，火鸡的样子一看就是外来物种。科学家的判断是不会出错的。

我对上述观点没有疑义，经过我的周密研究，我的观点如下：

（1）火鸡在 17 世纪末才在欧洲出现；

（2）火鸡是由耶稣会教士引入的，他们曾经在布尔日的一个农场里大量饲养；

（3）火鸡由耶稣会的养殖基地传遍整个法国，因此在许多方言里

"火鸡"一词与耶稣会教士相同，这种叫法一直沿用至今；

（4）火鸡的唯一原产地是美洲（非洲不产火鸡）；

（5）火鸡在北美很常见，人们孵化火鸡蛋或捕捉小火鸡然后饲养、驯化，由于饲养方式接近火鸡的自然生活状态，驯养火鸡的羽毛与野生火鸡没什么两样。

综上所述，我要向耶稣会教士们为引入火鸡而付出的努力表示加倍的敬意，同时还要感谢他们将奎宁，也就是英语所说的"耶稣会树皮"带回来。

我的研究表明，火鸡引入法国之后有一个逐步适应本地气候的过程。学生们对此课题进行研究后发现：18世纪中叶，每二十只孵出的小火鸡中只有不到一半能够长大；而现在，在其他条件相同的情况下，火鸡的成活率已经上升到百分之七十五。暴风雨是火鸡的致命威胁，当巨大的雨点被风刮着打在火鸡柔弱而无保护的脑壳上时，它们就会死掉。

食火鸡者

火鸡是家禽中最大的一种，即便称不上绝顶佳肴，也算得上餐中美味，难能可贵的是它能满足社会各阶层的需求。漫漫冬夜，耕田农夫或者葡萄园主端坐在餐桌旁准备款待亲朋，烤炉里会烤什么呢？答案是一只火鸡。当一个工作勤勉的艺术家难得约上三五好友共度假日，你猜餐桌上的主菜会是什么？一只填上香肠肉馅或者里昂栗子的火鸡。高档的美食会所，与会嘉宾避谈政治而大谈美食，猜猜看第二道菜客人们最想吃什么？一只松露火鸡！……

我在自己的私人备忘录中写道：在美味的火鸡面前，纵然经验再丰富的外交官也会两眼放光。

火鸡金融学

火鸡养殖引进法国不仅增加了百姓的收入，同时带动了一个重要产业。通过饲养火鸡，农民更容易缴清租金，也更容易给女儿攒足嫁妆，城里的食客要想在宴席上吃到这种外国美味就必须舍得花大钱。

尤其值得一提的是松露火鸡：从11月上旬到2月下旬，巴黎每天消费的松露火鸡是三百只，依此可以推断，全国的总数是三万六千只。按照每只火鸡至少二十法郎的价格计算，总共就是七十二万法郎，这绝非一笔小数目的流动资金。此外，还有大致相同数额的金钱用于消费松露鸡、松露野鸡、松露山鹑等菜肴。这些菜肴每天在橱窗中展示，即使掏不起钱的食客也会看得垂涎欲滴。

教授狩猎记

我曾在康涅狄格州的哈特福德小住，并有幸狩猎到一只野生火鸡。这是一个值得传之子孙后代的英雄壮举，作为故事中的主人公，我总是乐于和人们分享。

事情的起因是一位住在深山老林的美国农民朋友邀请我与他一同狩猎。他向我保证能猎到山鹑、灰松鼠、野火鸡，还允许我再带一两位朋友同行。1794年10月的一个大晴天，我与好友金先生雇了两匹马就出发了。哈特福德距离巴罗先生的农场大约有五里路的距离，估计天黑前我们就能抵达。

金先生是个冒险家，行为古怪、酷爱狩猎，每当他成功射杀都会引发他对猎物命运的哀伤与感慨，对自己的杀生行为深深愧疚。尽管如此，他还在不断重复着自己的杀生行为。

虽然一路不太好走，但总归安全到达了目的地。主人没说多少客套话，但他的举动却告诉我们他是真心欢迎我们到来的：短短几分钟内就把我们俩人、马匹、猎狗安置得舒舒服服。

我们花了两个小时参观他的农场和设施，具体情节不再赘述，在这里我只想说说巴罗先生的四个丰满漂亮的女儿，我们的来访对她们来说可是件大事。四个女孩子中最小的十六岁，最大的二十岁，她们质朴而清纯、活力四射，举手投足间都充满魅力。

参观完农场后，主人便邀我们出席丰盛的晚宴。席间有一块精制的腌牛肉、一只炖鹅、一只很大的烤羊腿，还有各种水果，餐桌两头还有两大扎苹果酒，可口得简直叫人欲罢不能。

我们用自己的好胃口向主人证明我们是名副其实的运动好手，主人尽其可能地给我们讲述了哪里最有可能打到猎物，哪里有什么明显标志可以帮助我们找到回来的路，还有可以得到补给的农舍位置，等等。

我们边聊边喝着女孩子们为我们沏的茶，每人都喝了好几杯。喝完茶，主人把我们领到一间有两张床的屋子里，由于白天的疲劳以及晚饭时喝了点儿酒，我们很快就进入了梦乡。

第二天早晨，我们起床出发时天色已经不早了。我们走出巴罗先生家所在的空地后，第一次踏进从未遭采伐过的原始森林。越往前走，周围的美景越让我陶醉。一路上我目睹了时间的伟大，它可以创造一切也可以毁灭一切。我仿佛看到一棵橡树的所有生命历程，从刚出土只有两片嫩叶的幼芽，到只剩下一段高大、乌黑的死树干。

金先生把我从幻想中唤醒，他招呼我赶紧开始打猎。最先打到的猎物是几只小灰山鹑，肉多而且细嫩。接着我们又打到六七只灰松鼠，这可是值钱的猎物。不一会儿运气来了，我们发现了一群野火鸡。

它们飞飞停停、叫声不断、乱作一团。金先生先开了一枪便去找他的猎物了，我本以为其余的火鸡都飞到射程以外了，不料离我不到十步远的地方还剩下一只掉队的家伙。它刚想飞，被我一枪击中，掉到地上死了。

只有猎人才能理解刚才那完美的射击所带来的巨大满足，我翻来覆去地摆弄着那只象征着荣誉的火鸡，目不转睛地欣赏我的战利品足足有一刻钟之久。这时我突然听到金先生喊我给他帮忙，我赶紧顺着喊声跑过去，他想让我帮他找那只野火鸡。可是那只他发誓一定打下来的野鸡却怎么也找不到了。

我让我的猎狗帮助搜寻，而狗却把我们带到一片长满灌木丛可能有蛇栖息的地方，我们不得不放弃寻找。金先生为此大为光火，一直到回家他还耿耿于怀。

这一天的狩猎生活中就没有其他值得记录的了。不过在回家的路上，我们迷失在密密的树林中，正当我们绝望地打算在林中露营的时候，突然听到几个女孩子银铃般的声音，还有她们父亲雄浑的男低音。真是太好了，他们出来接我们了。

这四姐妹可谓是有备而来，她们身穿最好的衣裙，腰系崭新的腰带，头戴可爱的女帽，足蹬精巧的鞋子，这一切证明她们真的视我们如贵宾。她们中的一位走上前来像妻子那样挽着我的胳膊，而我尽我所能表现出一种值得信赖的大丈夫气概。当我们回到农场时，晚饭已经备好；尽管天气不算冷，主人还是为我们点起了炉火。开饭前，我们在熊熊燃烧的炉火前坐了一会儿，炉边的舒适惬意使我们的疲劳感一扫而光。

这种待客风俗无疑是从印第安人那里学来的，印第安人在帐篷中的火种长燃不熄。也可能是继承的方济各一撒肋爵会的传统，该教会认为火在一年十二个月中都是好东西。

我俩都饿坏了，狼吞虎咽地大吃起来，一大杯潘趣酒更是锦上添花。这一夜过得很快乐，男主人比前一天活跃，滔滔不绝地跟我们一直聊到后半夜。我们聊了美国独立战争，巴罗先生曾当过军官，还立下赫赫战功；我们还聊起了拉法耶侯爵，他给美国人民留下了美好的印象，美国人从来不直呼他的名字，尊称他为侯爵；农业也是我们聊的话题，当时的美国就是靠农业而繁荣起来的；最后，我们谈到了法国，尽管流亡海外、有国难投，祖国对我来说比什么都亲切。

在谈话的过程中，巴罗先生时不时转头招呼他的大女儿："玛利亚，给我们唱支歌。"玛利亚根本无须催促，一支又一支地唱起来，她的歌声里有种羞涩的美。她唱的全都是美国的流行歌曲，如《扬基都德尔》、《玛利女王的挽歌》、《安德烈少校之歌》等。玛利亚没上过几次课，但在穷乡僻壤也称得上是个艺术家了。玛利亚的嗓音温柔、清凉，宛如天籁。

第二天一早，尽管主人一再挽留，我们还是决定辞别。备好马匹，巴罗先生把我拉到一旁，意味深长地说了下面一段话："亲爱的先生，如果说天底下只有一个快乐的男人那就是我。我身边所有的东西还有房子里的一切，完全自给自足：脚上的袜子是女儿织的，我养的家畜为我提供了鞋子、衣服，饮食固然简单但是很充足，完全出自自家的庭院和牧场。这一切的一切应归功于政府，在康涅狄格州有成千上万像我这样的农户，过着夜不闭户的幸福生活。

"这里税收很少，及时缴纳便可安心睡大觉了。州议会竭尽所能帮助大家兴办工业，代理商忙前忙后收购农产品。我已经为将来存了足够多的钱，最近我以每吨二十四美元的价格卖出了不少的面粉，这个价格可是以往的三倍高。

"这一切都来自我们曾经用武力换来的自由以及确保其实现的法律制度。我就是自己的主人。假如您听不到战鼓声，千万不要感到吃惊。除非是到了 7 月 4 日国庆日的时候，否则你根本看不到任何士兵、军服和刺刀的影子。"

回家途中我不禁陷入了沉思。你可能认为我在思考巴罗先生离别时讲的话，实际上我心中所想的完全是另一回事儿。我在考虑怎样烹制我的火鸡，我在想万一哈特福德备不齐东西那该怎么办。我可不想白白糟蹋了我费了半天心血换来的猎物。

随后我邀请了一群美国朋友来参加一次盛大的宴会，中间省略了不少筹备的细节。值得一提的是，山鹑翅是在油纸包里油炸的，而炖灰松鼠用的是马德拉白葡萄酒。至于火鸡则是我们唯一烤制的菜肴，色、香、味俱佳，进餐过程中"太好了！""太棒了！""美妙无比！"之类的赞叹声不绝于耳。①

山珍野味

野味一词涵盖了所有自由生活在森林中、原野上的可供食用的野生动物。我们之所以加上"可供食用"，是因为有些野生动物并不属于野味的范畴，比如狐狸、獾、乌鸦、喜鹊、猫头鹰等被认为是肮脏不洁的动物。

野味可分为三类：第一类包括画眉鸟以及比它体形更小的鸟；第二类比第一类体形大一些，包括鹬、比卡丝莺、长脚秧鸡、山鹑、野鸡、野兔，这些野味就是人们通常所说的草地野味，既包括飞禽，又包括走兽；第三类是我们通常所说的野味，包括野猪肉、鹿肉，还有其他有蹄类动物的肉。野味是餐桌上的珍馐，它营养丰富、易于消化、味道鲜美、有益健康，除了耄耋老人以外，适于所有人食用。

---

① 野生火鸡比家养火鸡的肉色更深、肉质更鲜。得知我同事博斯克先生曾在卡罗来纳州捕猎过野火鸡，这让我感到很欣喜，他也发现野生火鸡远比欧洲的家养火鸡好吃。他给饲养者提的建议是尽量给火鸡提供更大的生活空间，好让它们能在开阔场地上或森林里自由地生活，也就是说，尽量使它们接近自然，以改善鸡肉的口感。——原注

野味的质量与厨师的水平紧密相关。不像炖牛肉，不管是谁只要在锅里放上水、牛肉，再加一些盐都能得到肉汤和炖肉；对于野猪肉和鹿肉，如果按上述方法烹制的话，你一定会失望。从烹制方法简单性的角度看，还是肉铺里的肉更具优势。

但在经验丰富的厨师手中，这些野味却能摇身一变，成为绝世佳肴。野味的独特风味很大程度上是因为它觅食场所的独特性。产于佩里戈尔的红山鹑与产于索洛涅的红山鹑，吃起来味道绝对不一样；巴黎周边平原上的野兔做不出什么值钱的菜肴，而产于瓦罗美或高多菲内干燥山地的小野兔却能成为野味佳品。

小型鸟类中味道最鲜美的当属刺嘴莺，它长得像红喉鸟或雪鹀鸟一样丰满，而大自然又赋予它一种淡淡的苦味和香味，对人类的味觉器官产生某种无法抗拒的魅力。长到野鸡那样大的刺嘴莺，一只就能卖到一公顷土地的价钱。这种身价不菲的小鸟在巴黎十分罕见，不但猎获的数量少，猎物也不丰满，而肉质肥美正是这种野味的诱人之处。总之，巴黎的刺嘴莺根本无法与法国东部和南部的相提并论。[1]

真正懂得烹制小型鸟的人并不多，我这里有一个烹调方法，是天才的美食家卡农·夏尔科私下里告诉我的。在夏尔科去世三十年之后，"美食家"一词才诞生。

---

[1] 小时候常听人讲起贝莱的耶稣会神父法比爱吃刺嘴莺的逸闻。只要小贩一出摊，人们就会奔走相告："哪里有刺嘴莺，哪里就有法比神父！"事实上每年从9月1日开始，他总是和一位朋友搭伴来食用刺嘴莺，无论走到哪里都能得到热情接待，直到25号左右离开。在法期间，他从没错过一年的食鸟旅行，直到被安排到罗马的宗教裁判所任职，并于1688年死在那里。法比神父的学术造诣很深，出版过多部神学、物理学著作，在其中一本著作里他试图证明自己发现血液循环的时间比哈维更早或者至少与其同时。——原注

捏住鸟喙将一只肥美的小鸟提起，撒些盐进去，去掉内脏，勇敢地将它整个放入你的口中，贴着手指边将它咬断，然后用力地咀嚼，此时大量的汁液就会浸润你整个味觉器官，品尝到常人难以企及的美味：

"我痛恨那些暴民，把他们赶得远远的。"——贺拉斯[1]

严格说来野味中最鲜美诱人的当属鹌鹑，一只肥美的鹌鹑可以做到色、香、味俱佳。鹌鹑只能用烧烤的方法制作，其他的烹制方法都是暴殄天物，这是因为鹌鹑自身的香味极不容易保留，如果与其他液体接触，香气极易分解、蒸发或散失掉。

鲜有人知道山鹬也是一种不错的野味，尤其要当着狩猎者的面烹制。按部就班照方烤制，就会烹制出一道令人垂涎的野味了。

比前边说到的野味更好吃的是野鸡了，但很少有人能够把野鸡烹制到极致。死亡一周之内的野鸡味道还不如山鹬或家鸡，要知道野鸡好吃就好吃在它的鲜味上。科学研究探讨了野鸡的鲜味如何扩散，实践经验也借鉴了科学研究的成果，确保野鸡烹调得恰到好处，即使最权威的美食家也挑不出任何毛病。

本书下篇《美食集锦录》记载了一种名叫"神圣同盟"的烤野鸡的方法。这种方法过去知道的人不多，现在到了推而广之、造福人类的时候了。松露野鸡并不像人们想象的那样好吃，野鸡汁液太少不足以渗入松露，再有两者的味道不匹配，并不能很好地融为一体。

生猛海鲜

有些"离经叛道"的智慧贤达认为海洋是地球上所有生物的共同摇篮，即便人类也起源于海洋，之所以有今天的模样是为了适应呼吸

---

[1]　贺拉斯（公元前65—公元前8），古罗马抒情诗人。

空气及其他环境变化而形成的。

无论如何有一点可以肯定，海洋中有大量的生物，其生命特点各不相同，与温血动物的身体系统完全不同；还有一点可以肯定，不论何时何地鱼类总能为我们提供大量的营养物质。在现有科学条件下，鱼类为我们的餐桌提供了最好的膳食。

鱼类不如其他肉类有营养，但比蔬菜好吃，介于肉类和蔬菜之间，几乎适合所有体质的人食用，甚至病人也不例外。

古希腊人和古罗马人虽然在海鲜加工方面比不上我们，但他们很爱吃鱼也擅长吃鱼，往往能根据鱼的味道分辨出其所出产的水域。他们往往把捕获的鱼放在水箱中养殖。我们都听说过瓦迪乌斯·波里奥杀死奴隶并把奴隶尸体喂鳗鱼的故事，图密善皇帝虽然强烈反对这种做法，但也没有惩罚过始作俑者。

说到海鱼和淡水鱼哪种优点更多？人们一直争论不休，这个问题恐怕永远难有定论，西班牙谚语说："各有所好，众口难调。"各花入各眼，口感太微妙以致难以用已知的概念来描述；另外，也没有统一的标准来衡量鳕鱼、比目鱼、鲆鱼就一定比三文鱼、鳟鱼、大狗鱼或者六七磅的丁鳜鱼好。

可以肯定的是，鱼类远远比不上肉类营养丰富，或许是因为鱼肉里不含肉香质，也或许是因为它的比重较小，同样大小的鱼肉里所含的东西较少。贝类尤其是牡蛎的营养物质很少，这正是正餐前多吃贝类而不会感到难受的原因所在。

过去，不论什么宴会都要从吃牡蛎开始，一顿吃上一罗（十二打，即一百四十四个）牡蛎的食客比比皆是。我想搞清楚这些餐前菜有多重，于是对此做了一番研究。我发现一打牡蛎含有四盎司水，一罗就有三磅。现在我确信：同样一个人如果先吃牡蛎，不会影响他继续享用其他的食物；而如果他先吃与牡蛎相同重量的肉，哪怕是鸡肉，他一定会撑得受不了。

奇闻轶事

1798 年，我作为督政府特使入住凡尔赛宫，期间与时任省法院秘书的拉波特先生有过不少接触。拉法特酷爱牡蛎，他常抱怨怎么吃也吃不够，用他自己的话说"肚皮怎么也吃不满"。

我决定成人之美，请他共进晚餐。他如约而至，我先陪着他吃了三打牡蛎，然后看他自己继续一个人吃。他后来又吃了三十二打，耗时一个多钟头，这还是因为服务员业务不熟练，撬牡蛎的速度有点儿慢。

与此同时我就在一旁袖手旁观。后来实在待烦了，也就不管他是否尽兴，我对他说："哥们儿，今天你是命里注定吃不饱牡蛎了，我们还是吃饭吧！"我们于是开饭，他就像刚刚结束斋戒的人那样继续狼吞虎咽地大吃起来。

金枪鱼咸味汤

古人从鱼类中精心提取出两种酱汁，第一种是金枪鱼盐卤，即在鱼中加入盐后熬出的水；第二种要珍贵一些，现在少有人了解，据说它是把腌鲭鱼的内脏经过高压加工而制成的。如果真的如此，它的昂贵是没有理由的。有证据表明它原产于国外，可能就是我们今天从印度进口的用鱼和蘑菇发酵制成的酱油。

有些种族由于地理的原因几乎全部以鱼类为食物来源，他们同样也用鱼来喂牲畜，牲畜们对这种特殊的饲料也已经适应了，他们甚至用鱼做肥料。人类周围的海洋源源不断地提供鱼类，满足人类各种用途。

这些吃鱼的人脸色苍白，据说比不上那些吃肉食的人勇猛强悍。

这并不奇怪，因为鱼的营养虽然对身体里的淋巴液有增强的效果，但是无强化血液之功效。

也有人认为吃鱼的民族长寿，或许是因为他们相对清淡、简单的饮食使人免于多血症，抑或是那些用于长成骨骼和软骨的鱼的汁液具有某种延缓人体组织硬化的功效，组织的硬化不可避免地会引起死亡。

不管哪种说法正确，有一点是肯定的：鱼到了技艺精湛的厨师手里，就能变成美味佳肴。它可以整烹，也可以切片；可以水煮，也可以油煎；可以热吃，也可以凉吃，各种吃法味道都不错。尤其是以海员炖鱼 (matelote) 的形式出现时更受欢迎。

尽管这种炖鱼是驳船船员们的主食，而且因船员而闻名于世，但还是河边的小酒馆做得更出色。爱吃鱼的人没有不喜欢这道菜的，有人称赞它纯净健康，有人说它风味独特，还有人喜欢它是因为可以随便吃而不必担心消化不良。

分析化学开始研究食鱼对于动物经济学的影响：有证据表明能提升机体欲望，增强两性能力。究其原因，有两个方面长期以来已在实践中被认识到了：

(1) 某些烹制方法都具有刺激性的特点，比如制作鱼子酱、红鲱鱼、腌金枪鱼、鳕鱼、鳕鱼干等；

(2) 鱼体内的各种汁液热性很大，消化过程中发生氧化、消解。

深入分析揭示了第三个也是更有力的一个原因，即雄鱼的生殖腺中富含磷，即使在鱼肉分解时也会显示出其存在。

教会无疑对上述道理并不知晓，它要求各类团体实行四十天的大斋戒，这些团体包括加尔都西会、修灵默想会、特拉普派和经圣特丽沙改革教规的赤脚加尔默罗会，尽管没有人认为他们是在故意增加已经非常严苛的苦修戒律。

显然，凡此种种成功压制了异见，教会也赢得了令人瞩目的胜利，但却同样失去了很多，可谓挫败不断。修士们可能是从一个十字军东征时期的典故得到启示，萨拉丁苏丹想看看苦行僧们的自持力到底能坚持多久，就把两个苦行僧锁起来，每隔一段时间里喂给他们多汁的肉食。没几天他们一点儿苦修的迹象也没有了，肚子也鼓起来了。经过这样的考验，苏丹又送去两名美貌绝伦的宫女陪伴他们，虽然她们用尽手段向他们发起诱惑，但这两位僧人就是坐怀不乱、不为所动。

苏丹仍然把他们关在宫殿里，为了庆贺他们的成功，苏丹命令给他们准备了丰盛的饭菜，而且增加了鱼。这样没过几周，再次面对两位美貌宫女的诱惑，两位"圣人"便缴械投降了。根据我们现有的知识判断，修道院长们在制定修行戒规时会选择那些有助于修士们完成修行的饮食。

哲学思考

作为一类物种的总称，鱼类在哲学家那里总能引起无尽的思索与惊喜。这些奇特的生物形态多种多样，生活环境对它们生活、呼吸、运动的影响，以及它们在感觉和功能方面的局限与缺失，对人类来说无不起到拓展视野的作用，活生生地向我们揭示出物质、运动、生命的无限可能。

就个人而言，我是怀着近乎崇敬的心情来看待鱼类的。我深信它们是最古老的物种之一，创世纪后800年的那次大洪水对人类和许多生物来说是灭顶之灾，可对鱼来说简直说是一个欣喜、征服和欢宴的时代。

松露

有人认为"松露"一词很了不起，它给女性的印象是美味与爱情，而给男性留下的印象则是爱情与美味。这种高贵的块茎植物之所以有此效果，是因为它不但味道鲜美而且有助于提升人类的欢愉感。

松露的起源不详。人类采食松露，但对其发芽、成长却不甚了解。聪明的学者对松露进行过研究。人们也一度声称发现了松露的种子，可以按人们的意愿种植了，但这些只不过是徒劳无功的努力和无法兑现的承诺！任何种植松露的尝试均告失败，不过这并不全是一件遗憾的事，松露的价格昂贵是由其采摘供应量的不稳定造成的。如果人工繁殖成功了，它的价格就会降低，其尊贵地位也将受到影响。

话说有一天，我对一位漂亮的女士说："告诉你一件高兴事啊，励志协会最近展出了一台机器，可以不费任何气力就能制造出相当棒的花边。"

那位女士带着不屑的神情说："那有什么值得高兴的，你想如果花边很便宜的话，还会有人穿着这些一文不值的垃圾吗？"

松露的性保健功能

早在罗马时期，松露就为人们所熟知，但古罗马人似乎并未品尝过法国的松露。给他们餐桌增光添彩的松露产自希腊和非洲，尤其是利比亚，这些松露呈粉色或白色，利比亚松露因为嫩香兼备，所以最受青睐。用朱文纳尔的话就是："食不厌精，无所不用。"

在古罗马人之后的很长一段时间里，松露几乎被人们遗忘了。只是到了最近，松露才又被重新发现。我阅读过不少烹饪方面的古书，从未发现过松露的影子。我在写作此书时，那些目睹过松露卷土重来的人正在逐渐离世。

即使到1780年松露在巴黎仍属罕见，食客们只能在美洲大酒店以及普罗旺斯大酒店等处获得。松露火鸡绝对是一道豪华菜肴，只有在王公贵族及其夫人的餐桌上才能一窥尊容。

现如今松露供应充足，这主要归因松露经销商数量的增加，他们觉察到松露走俏之后，立刻在全法国各地派驻代理商。代理商出得起高价，可以雇佣邮差以及快速马车作为运输工具。一时间搜寻松露成了新兴行业，由于松露无法人工栽培，只有靠不懈地寻找才能满足食客日益增加的需求。

可以毫不夸张地说，在我写作本书期间（1825 年），松露的声誉正如日中天。参加宴席如果没有一道松露的菜，简直不好意思和别人说。不管某道菜自身有多好，如果不点缀些松露，就得不到大家的认可。一提到普罗旺斯松露，又有哪个不垂涎欲滴呢？

炒松露是家庭主妇的门面菜，总之一句话松露就是美食界的钻石。在我看来还有好几种食物可以配得上如此殊荣，松露受人偏爱的深层原因值得探讨，我发现这其中的奥秘在于：人们普遍相信松露是一种催情的食品。此外，我深信人类几乎所有的味觉、偏好以及欣赏等都和情爱这种复杂多变而又暴虐专横的感情紧密相连。

这个发现促使我去考察其是否具有事实根据，检验松露是否有此功效。这是充满尴尬的过程，甚至还招致了不少讥讽，但追求真理的努力永远值得称赞。

我首先对女性进行考察，这是因为女性一般对味道比较敏感，观察事物也比较细心，但是很快就意识到这项研究应该提前四十年做。因为几乎所有女性对我提问的反应是讽刺挖苦或者闪烁其词。只有一位女性对我坦诚相待，她的话您不妨听听。这位女性聪明而不做作，贞洁而不拘谨。对她来说，爱情已经成为一段温柔的回忆。

她说："先生，多年以前当晚餐还是时尚的时候，一天我与丈夫以及一位朋友三个人在家吃饭。大伙管这位朋友叫沃瑟勒，他才貌双全是我家的常客，他从没有对我说过任何挑逗性的话，即便有时他表露对我的爱慕之情，也会十分审慎，傻子才会感觉被冒犯。那天，老天爷安排整个晚上只有他与我在一起，我丈夫由于有事情要办早早离开了。我们的晚餐比较简单，只有一个主菜：松露禽肉，还是佩里黑石商的副代表送给我们的。那个菜可是当时少有的珍馐美味，从它的来源你便可以猜到，它有多完美。松露尤其味美，你知道我有多爱吃，不过我约束住了自己，只喝了一杯香槟酒。虽然我不知道会怎样，但女人的直觉告诉我这晚将会有事发生。

"我丈夫离开时，让我与沃瑟勒单独在一起，在他看来沃瑟勒是个正人君子。起初我们漫不经心地谈这谈那，很快话题就转向亲密、有趣的方向。沃瑟勒先是恭维我，继而滔滔不绝大献殷勤，最后当他认为我已经被他的甜言蜜语吸引住，便开始向我强行示爱，他的目的已经一览无余。那时我才仿佛大梦初醒，义正词严地拒绝了他，并且打心眼里看不起他。他仍然没有放弃甚至想动粗，我奋起自卫不让他靠近我，甚至暗示他以后还有希望，他才停手。他终于走了，我才得以上床睡了个好觉。第二天早晨我便开始反省自己。我仔细检讨了昨天晚上的事情并深觉自责，我应该一开始就制止沃瑟勒的非分企图，更不应与他进行这么危险的谈话。我的自尊应该早一些被唤醒，我的眼神该早些让他望而却步。我应该去拉警铃、大叫大嚷、怒气冲天。简单地说，做一切我没有做的事。让我怎么解释呀，先生？我把这事归因于松露，我完全相信它们是个危险的诱因。从那以后我甚至打算不再吃松露了，但这个惩罚太重了，不过我再吃的时候总是快感中夹杂着点担忧的成分。"

如此坦诚相见的自白也无法上升到规律的高度。我决心一鼓作气继续研究，我搜肠刮肚地向那些令人信任的人讨教。我把他们分别召集到委员会、法庭、上议院、犹太教公会和最高裁判机关。我们通过的下列决议，或将成为 25 世纪学者写评论的素材："松露不是真正的春药，但有时它会使女性更温柔，男性更冲动。"

在山前地带找到的白色松露质量最优堪称极品，它有淡淡的蒜味，但并不妨碍其完美，因为它不会留下令人不快的气味。法国最好的松露来自佩里戈尔和上普罗旺斯，1 月份它们的味道最佳。

此外，产自比热地区的松露质量也很好，缺点是不易储藏。为了让在塞纳河边散步的人增加些收入，我品尝过四次，但只有一次感觉不错；尽管如此，我想当地人会逐步认识到这种美味的好处及其局限性。勃艮第以及多菲内地区出产的松露质量不佳，口感硬而且柴。松露固然是食物中的珍馐，但与其他事物一样，也有高下优劣之分。

为了找寻松露，人们常常利用经过特殊训练的狗或猪来帮忙，当然也有人仅靠肉眼就能颇有把握地说出某块地里是否有松露，以及它们的大小和重量。

松露难以消化吗？

下面只剩下一个问题了，即松露是否难以消化。我们的答案是否定的。

做出此项判断，我们的依据如下：

（1）根据研究对象的性质（松露易于咀嚼、重量轻、既不硬也无韧性）；

（2）根据我们跨度长达五十多年的观察，从未见过哪个人因为吃松露而导致消化不良；

（3）根据巴黎最有名的执业医生的记录，巴黎是座美食家的城市，美食家无一不对松露倍加青睐；

（4）最后，根据法律界朋友的行为模式，法律界人士在其他方面与其他社会阶层的公民无异，只有一点不同之处：他们消费了更多的松露，有许多人可以作证，如马鲁埃律师，他吃下的松露多得足以使大象感到难受，而他却活到了八十六岁。

可以肯定地说，松露是一种健康美味的食物。只要食用有节制，它就会像信件投入邮箱一样在消化道中畅通无阻。这并不是说，只要饭菜中有松露就一定会免于胃肠不适。这种情况多见于那些吃得太饱的人，吃完第一道菜后，他们已经像填满火药的大炮一样了，可是又不想落下后面的美味，因此在第二道菜上来后继续猛吃。因此，不舒服可不是松露造成的。可以肯定的是，如果他们没吃松露而是吃了同等重量的土豆，他们会遭受更大的痛苦。

让我们用一个真实的故事作为本节的结尾，这个故事说明：观察不仔细将会很容易导致错误。

一天，我邀请我的老友 S 先生与我一起吃饭，这位老友是一位一流的美食家。或许是因为我清楚他的口味，抑或是为了向客人证明我的热诚好客，我在一只仔火鸡肚里填了松露。S 先生精神抖擞地开始进餐，因为我知道他的胃口很好，就让他随意去吃，只请求他不要吃太快，因为没有人会抢他的菜。

晚宴一切都很正常，他很晚才告辞回家。可一到家他就感到肚子剧痛，并且伴随恶心、呕吐，浑身难受。这种状况又延续了一段时间，很容易被诊断为松露引起的消化不良。这时老天爷来帮忙解围了，S 先生张嘴吐出一大块松露，松露撞到墙上又反弹了回来，让那些在他身边的医护人员深受其害。

所有不适的症状立刻解除了，病人恢复了平静，他的消化功能也恢复了正常。第二天一早他的身体康复如初，全然忘记了前一天的痛苦经历。

病因很快被查明：S 先生的牙齿为他效力多年如今已经力不从心，甚至有部分牙齿已经脱落，剩下的牙齿也不再像过去那样咬合得严丝合缝。正是在这种情况下，有块松露几乎没经咀嚼就被他咽进了肚子，这块松露顺着他的消化系统卡在了幽门处，给他制造了麻烦。吐出松露之后，他的不适随之消失。这一结论是检查委员会仔细研究后做出的，他们也希望将这件事向大家做个说明。

S 先生仍一如既往地嗜吃松露，丝毫没有退缩之意，不过他现在学会了细嚼慢咽。他由衷地感谢上帝及时给了他一次健康忠告，这无疑会让他延年益寿。

说糖

科学的发展已经使我们能给糖下一个全面的定义，即它是一种甜味的晶状体，发酵后可分解为碳酸与酒精。

以前，糖这个词表示的是甘蔗汁固化、结晶化的产物。甘蔗原产于西印度群岛，可以肯定的是罗马人并不知道糖作为食物和晶体的存在。古代文献中表明古人已经懂得从种子中提取甜味物质的技术。古罗马诗人卢坎（Lucan）写道：是谁？在啜饮纤纤芦苇中提取的甜美琼浆。

从过去榨取甘蔗汁使水变甜到今天用甘蔗榨糖已经过了很长时间，罗马时期人们所掌握的只是一种较为原始的工艺。后来在新大陆，糖才真正被制作出来，甘蔗两个世纪前传到欧洲并得到广泛种植。人们希望将糖汁的价值充分开发出来，经过一系列实验，终于从糖汁中相继提取出糖浆、粗糖、蜜糖和精糖等。于是，种植甘蔗成了最为重要的行当，它不但是种植者的收入来源，而且养活了所有做糖类相关生意的人，同时也给政府增加了税收。

本地糖

长期以来，人们一直以为热带的高温气候对甘蔗生长至关重要，因此认为糖的原料在热带。直到马格拉夫在 1740 年发现某些温带作物，比如甜菜也含有糖分，并且柏林的阿沙尔教授通过实验证实了这一发现的价值，人们才有了新的领悟。

受环境影响，糖产品在 19 世纪初日益稀缺，糖一时成了法国的稀缺物品，政府于是向科学求援。结果令人十分欣慰，实验证明糖广泛存在于植物界当中，例如葡萄干、核桃、土豆，尤其是甜菜中。紧接着，人们对甜菜做了进一步研究，经过一番实验证实甜菜可以使旧大陆摆脱对新大陆糖产品的依赖。制糖厂如雨后春笋般在法国各地出现，并获得不同程度的成功。糖化过程使用了新工艺，将来随着环境的改变我们可能还得重新使用传统工艺。

这些糖厂中最有名的当属邦雅曼·德勒赛在巴黎附近的帕西建立的糖厂，德勒赛是个好公民，他的姓名常与好东西连在一起。经反复操作，他逐步澄清了一些有可能阻碍进展的疑点和问题，他甚至与那些竞争对手分享他发现的秘密。政府首脑亲自前去拜访他，任命他为杜伊勒里宫的供货商。

随着战后和平与经济的恢复，国际环境发生了变化，糖价重新下跌，甜菜糖加工厂在很大程度上失去了它的优势。但有几家继续保持了兴旺的势头，邦雅曼·德勒赛的工厂产量每年仍然很大，利润也很高。这才使甜菜糖的加工技艺才得以保存下来，这或许在将来又会派上用场。[①]

---

① 全国工业促进会召开大会时，投票决定授予阿拉斯的克来斯派尔一块金牌，因为他每年生产十五万块甜菜糖，虽然蔗糖的价格低至每千克二法郎二十生丁，他仍能把甜菜糖的业务开展起来。他的成功之处在于他拥有从废料中蒸馏酒精的系统设备，用过的废料可以作为牛饲料。——原注

甜菜糖刚投放市场时，喜欢蔗糖的人以及不了解情况的群众纷纷责难甜菜糖甜味不正，认为它是一种劣等甜味剂，有些人甚至声称它不利于身体健康。

多次精确实验表明上述疑虑毫无根据，沙塔尔伯爵先生已经把这个结论写在了他的力作《农业应用化学》第一版的第二卷第十二页。

这位著名的化学家写道："从不同种类植物中提取的糖性质完全相同。如果这些糖提纯的纯度相同的话，它们将毫无差别。口味、结晶、颜色以及特定的比重也都绝对相同，就连最有经验的评判者和品尝家都难以区分。"

一个发生在英国的事例向我们揭示了偏见的力量，以及匡扶真理的艰难：在英国，相信能从甜菜中提取糖的人不到百分之十。

糖的用途

糖是从药剂师的实验室发明出来的，然后走进千家万户。糖在实验室里的地位十分重要，有句老话形容某人没有内涵，就"像个没有糖的药剂师一样"。

因为糖最初的作用是当药用，这就不难理解人们一开始为什么对它心存芥蒂。有人说糖会让血液发热，也有人说糖伤肺，还有人说糖是中风的罪魁祸首。但真金不怕火炼，真理总会战胜谎言。早在八十多年前，就有人说过这样一句真知灼见的格言："除了会让钱包变瘪，糖有百利而无一害。"

获得坚定无疑的支持后，糖的用途日益广泛。没有任何营养物质能像糖这样经过如此多的混合与变形。许多人喜爱吃纯糖，甚至达到痴迷的程度。因其无害，医生开药方时用糖，也可以起到安慰剂的效果。

糖水是一种提神醒脑、有益健康、味道可口的饮料，间或还有药用价值。糖与少量的水混合加热，便得到了糖浆；在糖浆里可以加入各种面粉，制作出的食品同时具有恢复体力、愉悦味觉的功效。混合糖与水，抽取其中的热量，就得到了冰淇淋，这种做法源于意大利，后由美第奇家族的凯瑟琳引入法国。葡萄酒中加糖具有提神以及人所熟知的恢复体能的特性。在某些国家，新婚之夜送给新人的蛋糕上就浇上糖酒，这个习俗有点儿像波斯人在新婚之夜给新人送上的醋泡羊蹄。将糖与面粉、鸡蛋混合，就能做出饼干、蛋白杏仁饼干、脆饼、面包、蛋糕以及各种小点心，这些点心的制作方法都采用了现代工艺。糖与奶混合能够做出各种奶油食品以及牛奶冻，这类食品具有口味幽香的特点，其受欢迎程度仅次于肉类。

糖与咖啡混合，能使其味道更浓。咖啡里加糖，再加入奶，是一种清淡、可口、容易获得的营养形式，很显然它适合那些早饭后需要马上投入工作的人。咖啡与牛奶也给女士们带来极大快乐。不过，科学研究也表明过多食用也会对那些偏食者造成伤害。

糖与水果及面粉混合，能做出果酱、柠檬酱、蜜饯、果冻、面团、糖果等，这些食品使我们能够享受到保存于其中的水果及花香，延长其自然寿命。糖还有可能应用于尸体防腐，不过此项研究仍处于初级阶段。

最后，糖与酒精的混合可以得到烈酒。众所周知，这种酒就是为了路易十四年老体衰时恢复活力而发明的。酒味甘洌连泡沫都散发着清香，至今仍属口福极品。

糖的用途难以尽数，称得上是万能调味剂。有人做肉菜时用它，做素菜时也用它，当然拌新鲜水果更得用它。它是时尚混合饮品的关键成分，比如潘趣酒、尼格斯酒、乳酒冻以及其他异国情调的酒。总之糖的应用无穷无尽，可以根据个人的口味加以调整。

在路易十三年代糖这种物质几乎不被人所知，而到了19世纪，它几乎成为我们不可或缺的生活必需品。女人只要有钱，花在糖上的钱一定比花在面包上的多。德拉克鲁瓦先生是一位天才而又多产的作家，有一天他在凡尔赛宫抱怨糖价太高，一磅超过五法郎。他柔声说："如果糖价能降到三十苏一磅，我愿意一辈子都只喝糖水。"

他的希望并未落空，而他还活着，我相信他会遵守诺言。

咖啡

咖啡的起源

第一棵咖啡树是在阿拉伯半岛发现的，虽然不断四处移植，阿拉伯半岛仍然是优质咖啡的主要产区。

有一个古老的传说，咖啡是一个牧羊人发现的，他注意到每当羊群走过咖啡树丛吃掉树丛上的咖啡豆，便会表现出一种奇怪的躁动与兴奋。不管这个传说是真是假，发现咖啡的功绩只有一半属于这个牧羊人，另一半功绩当属第一个想到把咖啡豆烧熟的人。因为用生咖啡豆只能调出劣质的饮料，而将咖啡豆炭化有助于呈现其独特风味，达到我们今天喝的滑爽口感。如果没有热加工，所有这些品质都将不复存在。

土耳其人在这方面是大师，他们不是用磨而是用木杵在木臼中将咖啡豆捣碎，这些制作咖啡的工具使用时间越久就越值钱。我决定研究用这两种方法所得咖啡的差异，看哪种方法更优。为此，我细心烤制了一磅纯摩卡咖啡豆，将其分为两等份，一份用磨研成粉末，另一份用土耳其式的方法捣碎。

我分别用这两种粉末冲制咖啡，每一种我都用相等数量的咖啡粉，浇入同样多的开水，两者调制过程也保持一致。我品尝了这两种咖啡，并请了最有名的鉴赏家来品尝，答案出奇的一致：都认为捣碎的咖啡比磨碎的味道更纯正。我也希望有人重复这个实验。此外我可以举一个有趣的例子说明不同加工方法可能得出不同结果。

一天，拿破仑问了参议员拉普拉斯一个问题。他问："先生，我发现往一杯水里放入捣碎了的冰糖要比放入相同数量的绵白糖效果好，这是什么原因？"

科学家拉普拉斯答道："先生，糖、糖胶、淀粉糖浆这三种物质中所包含的元素都相同，它们的差异是由于各自的状态造成的，这里边的奥秘人类尚未解开。我想有可能在捣碎的过程中一部分糖变成了糖胶和淀粉糖浆的形式，因此造成了您所发现的情况。"这段轶事一度流传很广，随后的研究证实了参议员的说法。

制作咖啡的各种方法

几年前，几乎所有人都在寻找制作咖啡的最佳方法。这一情况无疑与政府首脑对这种饮品的偏爱有关。大家找到的方法包括咖啡豆不经烤炙，或不需研磨成粉，或放在冷水中浸泡，然后加热煮沸四十五分钟，煮咖啡用的壶中需要安装滤网等。

当时能想到的方法我也尝试过多种，个人认为最好的方法叫作Dubelloy，即将咖啡放在一个充满小孔的瓷质或银质容器中，将开水注入容器，接着将从小孔中渗下的咖啡液收集起来煮沸，然后再过滤，直至咖啡液中没有渣滓，味道合适为止。

在一次尝试中，我使用了高压壶，得到的咖啡是苦涩而黏稠的液体，只适合哥萨克人刮嗓子。

咖啡的功效

关于咖啡的功效，专家学者有许多说法，但他们彼此之间很少有意见一致的时候。为免于争论，我们必须从诸多说法中找到最重要的一类，即咖啡对人思维器官的影响。

咖啡无疑具有提神醒脑的功效，首次喝咖啡的人睡眠都会受到影响。对有些喝惯咖啡的人来说，这个影响会逐渐减弱甚至消失，但也有些人始终会被咖啡所刺激，不得不最终彻底戒掉咖啡。

前文说过一旦喝习惯咖啡就会弱化咖啡的影响，但这并不妨碍其兴奋效果以另外的形式出现。我发现有人不会因喝咖啡而失眠，却需要在白天喝咖啡提神；或者晚饭后如果不喝咖啡就会早早睡觉；还有些人如果早上忘记喝咖啡一整天就会昏昏欲睡。伏尔泰与布封都是喝咖啡的高手，都从咖啡中受益匪浅。一位在论著中获得了可贵的清晰思想，另一位在语言风格上获得了高度和谐。布封在创作《Essays on Man》一书中的不少章节，比如论狗、论虎、论狮子、论马等文章时，作者无疑处于高度兴奋状态。

喝咖啡引起的失眠并不可怕，它使人的知觉更加清晰，困意一扫而光。它完全没有其他原因造成的失眠所带来的烦躁与不快。话虽如此，长远看来咖啡所带来的失眠终究还是有害健康的。

过去只有成年人喝咖啡，现在所有人都喝，也许因为它具有驱使如此广泛的人群加入体育和智育训练中的神奇作用。悲剧《帕米拉女王》几年前曾在巴黎轰动一时，其作者就酷爱咖啡，因此他的作品就比酒鬼作家写的《从不参与者》更火。

咖啡的力量远远超乎我们想象。一个体格健壮的人可以一天喝两瓶葡萄酒，而不影响其长寿；而同一个人绝不能承受同样数量的咖啡，要么他会变成痴呆，要么他就会死于衰竭。我在伦敦的莱赛斯特广场见过一个因饮用咖啡过量而致残的人。现在他已经习惯每天的饮用量降至五六杯，病情也就稳定下来了。

限制未成年的孩子喝咖啡是爸爸妈妈们的责任，除非他们希望孩子未老先衰，不到二十岁就会老态龙钟、行动迟缓。这条警告对巴黎人尤其重要，在巴黎出生的孩子一般不如在外省出生的孩子那么强壮，比如安省出生的孩子。

我属于被动戒咖啡的人，我想用我如何被咖啡折磨了一晚上的经历结束本节。马萨公爵当时任司法部长，他要求我用最快速度处理一件工作。他没有提前告知我，只是临时通知第二天一早就要求完工。我只好夜里加班干，为了防止睡着，晚饭后我喝了两大杯浓咖啡。

我傍晚七点钟赶到家，等他们给我送来文件；但我只等到的是一个通知函：因为程序上的原因，文件第二天早晨才能给我送来。我极度失望，只好回到吃晚饭的那家酒馆，聚精会神地玩了一场扑克牌，全然没有感到平时玩牌的注意力不集中。

我认为这是咖啡的功劳，虽然感到兴奋，我并没有担心如何度过这一夜。我还是按平常睡觉的时间准时上床，我想就算睡不着，但至少也能睡上四五个小时吧，这些睡眠也就足以应付第二天上午的工作了。

然而我想错了，在床上辗转了两个小时后，反而比刚躺下时更精神了，大脑异常活跃，就像一台全速运转的磨盘，然而磨上却没有任何东西。我感觉必须给这种活跃的情绪找点活儿干，否则永远别想睡觉。为了打发时间，我便打算把一篇最近在英语书上读到的小说改写成韵文。很快我就改写完了，并仍与刚才一样兴奋；于是我又着手改写第二篇，但这次没有成功，改了十几行后我的诗兴冷却了下来，只好停止工作。

我就这么折腾了一夜，一点儿没睡，甚至都没有打个盹儿。早上起床后一整天都处于这种亢奋的状态中，工作和吃饭都没有改变这种亢奋。直到第二天晚上，我才在习惯的时间上床入睡。计算了一下，我已经整整四十个小时没合眼了。

巧克力

巧克力的起源

美洲的第一批移民是被黄金梦吸引到那里的。矿产是当时唯一已知的财富源泉，农业与贸易仍不发达，政治意义上的经济制度尚未建立。西班牙人发现了贵重金属，因为储量太小而显得价值不高，而我们则有许多更为积极的增加财富的办法。

太阳的光照让新大陆的土地异常肥沃，这里极其适合栽种甘蔗与咖啡，此外还有土豆、槐蓝属植物、香草、奎宁、可可等，它们可都是宝贵的财富。

尽管设置了种种羁绊，人们还是得到了许多的新发现，因此有理由希望他们在将来能得到十倍的发展。欧洲的科学家完全有希望在未经探索的土地上发现动物、植物、矿物中的新品种。有些品种（比如香草）可以为我们提供新鲜感觉，有些品种（如可可）可以为我们提供新的食物来源。

传统意义上的巧克力是将可可豆、糖、肉桂混合在一起烹制而成的。糖在整个加工过程中起着不可或缺的作用，因为从可可豆中只能得到可可粉或可可，而非巧克力。只有把香草放入糖、肉桂与可可的混合物中，才能做出绝佳的饮品来。

制作巧克力的原料种类不多但味道独特，是人们在尝试添加过多种调味品（比如胡椒、茴香、姜等）的基础上得到的结果。

可可树遍布南美大陆及其附属岛屿。不过人们一般认为在马拉开波湖畔、加拉加斯谷地以及在富饶的索科马斯科省等地出产的可可果最佳。产自这些地方的可可果一般个头更大，味道更香醇。由于这些地方相对容易到达，所以更便于拿来做对比，有经验的人一尝便知真伪。

来到新世界的西班牙妇女喜爱喝巧克力饮料简直达到了疯狂的地

步，每天有空就会喝上一口，即使去了教堂还要吩咐别人给她们送过去。巧克力作为一种刺激欲望的世俗饮料，主教原本不允许带进教堂，但他们最终选择了宽容。埃斯科巴主教不但道德高深，而且重视方便教民的日常生活，他正式宣布巧克力饮料不违反斋戒的规条，为此他引用了一句古语：液态不犯戒。

巧克力饮料是在 17 世纪初引入西班牙的，很快就风靡全国。这主要归因于妇女和僧侣对它的偏爱，尤其是僧侣把它作为一种新型的香味饮料来喝。这个习惯一直延续至今从未改变，巧克力饮料仍是西班牙上层社会的主要休闲饮品。

奥地利菲利普二世的女儿安娜后来嫁给法国国王路易十三，并把巧克力饮料带到了法国。西班牙的僧侣把巧克力饮料作为礼物送给他们的法国会友，历任西班牙大使也对巧克力变成时尚饮料起到了推波助澜的作用。在摄政王时期最初的日子里，巧克力饮料因其营养丰富远比咖啡更流行，因为那时咖啡既稀缺又昂贵。

大家都知道林奈把可可称作"众神的饮料"。有种种可能的理由可以说明他为何做出这么高的评价：有人认为他嗜好喝咖啡，有人认为他想借此讨好他的忏悔神父，还有人认为他是想取悦女王，正是她把饮巧克力的习惯引入了法国。（此说法不确定。）

巧克力的特性

人们经常议论巧克力的性质和特点，以及在热、冷、凉等各类食物中的地位等。需要指出的是，此前学者们的种种论述对于巧克力的研究帮助不大。

时间和经验是两位伟大的老师，他们告诉我们精心制作的巧克力不但好吃而且易于消化。这一点与咖啡不同，咖啡其实是一种解毒剂，而巧克力对男女的健康都没有丝毫害处，非常适合精神压力大的人，比如牧师、律师，特别是旅行者饮用。此外还适合胃口差的人、慢性病患者，而且还是幽门疾病病人能吃的食物。

巧克力的这些优点归功于它的油糖剂成分，很少有其他物质像巧克力一样含有如此高比例的营养粒子，几乎可以被全部吸收。

拿破仑战争时期，可可极难获得也很昂贵。人们努力想寻找一种替代饮品，但无一成功，战后种种战时替代品寿终正寝。如果说之前喝的饮品可以被称作巧克力饮料的话，还不如把菊根茶说成摩卡咖啡。

有人曾抱怨说巧克力不好消化，而另一些人则走向另一个极端，说巧克力没营养，在肚子里消化得太快。看来前一部分人怨就怨自己，他们或者因为常吃劣质巧克力或者加工手段不合理。要知道优质巧克力适合任何类型的人，包括消化能力最弱的人。至于后一些人，治疗的处方也很简单，让他们早餐时多吃一块小肉饼，或一片小肉排，或是一块烤腰子，然后再喝一碗优质巧克力，最后感谢上帝让他们有一个健康的胃。

说到这，我想插入我的一段观察以验证上面论点的可靠。当你吃过美味的早餐后，如果再喝下一大杯优质巧克力，你就会在三个小时之后将所吃的东西全部消化，又可以舒舒服服地进午餐了……对科学的热情使我的口才魅力倍增，我成功地说服了不少女士加入这一试验，尽管她们认为这让她们很冒险。不过，她们都对试验结果表示满意，无一不对教授表示赞许。

常喝巧克力的人健康状况会很好，能远离小病小灾，他们的体重也不会变化太大，这两大好处是每个人都能在饮食中观察到的。借此机会，我想讲讲用琥珀调味的巧克力的特点，这些特点都是我经过多次实验验证的。我自豪地将结果奉献给读者诸君。

凡是那些酷爱杯中物的人，工作到废寝忘食的人，感觉自己头脑开始变迟钝的人，感到环境湿热、度日难熬、呼吸不畅的人，抑或倍感无聊思路闭塞的人，都该喝上一品脱琥珀巧克力，每磅饮料中琥珀的含量可从 60 ～ 72 格令[①] 不等，相信他们一定会有奇迹发生。

　　根据我给事物的判断，我把琥珀巧克力称为"苦恼者的巧克力"，因为在上述几种情况中有一种不可名状的共性——苦恼。

优质巧克力制作不易

　　西班牙出产的巧克力品质优良，但我们现在已经不再从西班牙进口巧克力，这是因为那里的生产商水平良莠不齐，顾客一旦购买，不管质量如何都只有接受、别无选择的余地。意大利巧克力不太符合法国人的口味，是因为可可烤得太过甚至烤焦，因此巧克力味道较苦，营养成分不足。

　　虽然现在喝巧克力在法国也很流行，人们都学着制作，但少有人能达到完美水平，因为这个过程中还是包含许多困难。首先你必须能分辨可可的质量优劣，一定要选用那些高质量的可可豆，因为即使最好的可可也很难尽善尽美。检查时必须十分留意将受到病虫害的可可豆扔出去，否则制成的巧克力质量就会打折扣；再者，烤制可可也是一项精细的工作，它所需的技巧近乎灵感。有些人天生具备这种能力，他们从来不会出错。

　　恰到好处地使用糖也是一种特殊的才能，因为其用量没有严格规定，而是要根据可可仁的香味以及烤制的程度而定；粉碎与搅拌也需小心谨慎，只有这项工作完成得好，巧克力才能易于消化。

────────────

① 格令，英制的最小计量单位，1 格令相当于 0.065 克。

其他需要认真对待的还有香料的选用及数量。作为食物的巧克力与作为糖果的巧克力中香料的应用要求是不同的，这很大程度上是根据配方中是否会加入香草来决定。简单说来，为了获得高质量的巧克力，必须协调好多种香料之间的配比，有些香料虽然我们觉察不到它们的存在，但为巧克力的整体味道做出了贡献。

虽然巧克力的机械化制作有一段时间了，但我们并不认为它能提升巧克力的质量，不过使用机械能节约劳动力，生产厂家理应降价出售。事实情况却恰恰相反，这表明法国还缺乏商业精神，因为公平地讲，使用机器的生产商应该让商家与消费者都能得到同等的实惠与便利。

因为喜爱巧克力，所以我们花时间对经销商进行了测试。我们现在是圣父大街26号德佩里先生商店的忠实顾客，德佩里先生负责给国王供应巧克力，我们认为国王英明地选择了一位合适的供应商。原因不难解释，德佩里是一位有名的药剂学家，他把自己广博的学识应用到巧克力制作上，可谓如鱼得水。

没制作过巧克力的人可能不清楚做好这项工作需要克服多少困难。他们不知道要想让巧克力甜而不苦、香而不腻、稠而无渣，需要多少细心、灵巧和经验的支持。德佩里的巧克力就达到了上述质量标准，之所以优质是因为选料精当、杜绝次品，还有老板一双敏锐的眼睛对整个生产流程的监督。

建立了严格的生产规章制度后，德佩里先生又进一步增加产品花色，开始为顾客提供能治疗某些小病小灾的美味巧克力。对体弱乏力的人，提供康复巧克力，即在巧克力中用兰根粉做香料；对神经衰弱的人，在巧克力中添加入橘子花；对暴躁易怒的人，提供杏奶巧克力；此外，他还会给精神受挫的人提供琥珀巧克力。

他最大的功绩还在于制造出了质优价廉的普通巧克力，这种巧克力对我们的早餐来说足够好了，并给午餐吃奶油食品时增加了快乐，而且在晚上吃冰品、果脯、小食品时又给我们带来了新惊喜，更不用说那些在包装纸上印制了格言的小饼干了。

我们只是通过德佩里的产品了解其为人的，至今未曾谋面。他的工作正帮助法国摆脱依赖从西班牙进口巧克力的现状，使得巴黎乃至整个法国的巧克力声誉与日俱增；他每天都从海外得到新的订单。正是基于上述原因，同时也因为他是民族工业促进会的创始人之一，我们在这里对他的褒奖无论如何也不为过。

巧克力的规范做法

美国人制作的可可不含糖，当他们想喝巧克力时，就端来开水；每人先掰一块可可放进杯子里，放多少完全根据个人的喜好，然后倒水浸泡，之后再加糖和其他自己喜欢的香料。

这种方法既不合我们的习惯也不合我们的口味，我们喜欢喝现成的巧克力。先验主义化学理论提醒我们，在这种情况下，巧克力条既不能用刀切碎，也不能用杵捣碎，因为这两种情况所导致的碰撞会使一部分糖转化成淀粉浆，从而使巧克力饮料乏味。

因此要制作马上就能喝的巧克力，只需每杯水中放入 1.5 盎司的可可，将水煮沸，使可可慢慢溶解，同时用木匙缓缓搅动，再煮一刻钟使其溶解均匀，滚烫的巧克力就做成了。五十多年前，贝莱的圣母往见修女院院长阿雷斯特尔嬷嬷对我说："先生，想喝优质巧克力您头天就得用瓷制咖啡壶泡制出来，过夜后的饮料更浓郁，口感更滑爽。上帝不会责备我们这个小小的改进，它本身就完美无缺。"

论煎炸

导言

那是 5 月里的一个晴天，明媚的阳光软软地洒在享乐之城布满烟尘的屋顶，但街道上干干净净、一尘不染。

鹅卵石路上既没有体型庞大的邮车隆隆驶过，也看不见一辆运货马车的踪影。仍然在路上招摇的车辆是那些敞篷轿车，车内坐着头戴华美帽子的本地和外国美女。她们习惯向长相不佳的人投以蔑视的目光，而向那些英俊男士抛以媚眼。

下午 3 点是教授坐在椅子里安静休息的时间。他右脚踩地，左腿伸直斜搭在右腿上；他的腰和后背舒服地倚在靠背上，双手放在高级坐椅的狮子扶手上；他高耸的眉头显示出他热爱钻研，他的嘴则显示出他喜欢不太严肃的消遣活动。他举止沉稳、风度翩翩，任何见过他的人都说"这位老人一定是个贤人"。

教授就这样端坐着召唤他的大厨。没过一会儿大厨就来了，准备洗耳恭听、俯首待命。

训示

教授用一种严肃的咄咄逼人的语气对厨师说："拉普朗什师傅，所有客人都夸你熬汤技术一流，很好！要知道汤对饥饿的胃来说是最初的抚慰。但我很遗憾地告诉你，你的煎炸技艺仍然有改进的余地。

"昨天你所做的凯旋比目鱼颜色苍白、肉质松懈、颜色不正。我的朋友 R 先生[①]用责备的眼光看你，亨利·卢先生的鼻子指向了西边，还有西比埃总督对这场'国家灾难'表示了无比沉痛的哀伤。这次不幸事件完全是你造成的，因为你无视理论不了解其重要性。我发现你有些固执，很难被说服——你实验室里发生的现象只不过是验证了永恒的自然法则。因为人云亦云，有些事情你做得漫不经心，其实所有这些东西背后都有深奥的科学道理。因此，请记住只要你肯学习，今后肯定不会再因为手艺差而脸红了。"

化学原理

"在火上加热的不同液体所能获得的热量是不一样的，大自然给

---

①R 先生 1757 年生于贝莱附近的赛西特，是大选举团的成员，他可以作为坚定的信仰与谨慎的行为相结合的最佳楷模。——原注

予每种液体热的容纳性不同，这个奥秘只有大自然自己知道，我们称热的容纳性为热容量。

"因此，你可以把手指放入沸腾的葡萄酒里而不会被烫伤，如果换成白兰地，你就会很快缩手；换成沸水，缩手的速度更快；若是换成滚开的油，哪怕手指放入时间再短，也会被严重烫伤，因为油的热容量是水的三倍高。

"不同的液体热容量不同，因而它们对浸于其中的食材产生的作用也不尽相同。在水的作用下，这些食材将会变软、解体，最后变成糊状物，粥、汤等就是这样做成的；在油的作用下，这些食物材料将会收缩，颜色会多多少少加深，最后直至完全被炭化。

"在第一种情况下，水溶解和吸收了浸于其内的食物的汁液；第二种情况下，食物内部的汁液被保留在原处，因为油不能溶解它们，至于食物被炸变干是因为它湿润的部分在较长时间的加热条件下水分被蒸发掉了。

"这两种不同的过程也有不同的名称：在油脂中煮食物的过程称之为油炸。我已经讲过，用于烹调的油和脂是同义词，油是液态的脂，脂是固态的油。"

理论运用

"煎炸食品在宴席上很受欢迎，它们色、香、味俱佳，而且还可以用手捏着吃，这一点颇受女士们喜爱。油炸还有一种功能，如果头天晚饭上做了某种食物，第二天油炸一下可以接着上，它可以使厨师在紧急情况下立于不败之地，因为炸制一条四磅的鲤鱼并不比煮一个鸡蛋多花时间。

"现在看来，煎炸这种方法的全部好处就在于一个'快'字。我

76

们这样评价这种方法是因为油炸的速度很快，只要把食物一放入沸油中，其表面物质立即会被烤焦或炭化。通过快炸，食物表面会形成一层保护壳，防止油的浸入将汁液保留在食物当中，因此食物完全是由外到里被炸熟的。用此方法可使菜品得到最大可能的提升。

"快炸的方法只有当油温足够高时才有效果。这需要在旺火上加热较长时间后才能达到。下面的方法可以验证油温是否足够高：切一小片面包放入油锅中，如果五六秒钟后变酥黄，就可以将要炸的食材放进去了。否则，就需要继续加热，然后再重复前面的实验。快炸一旦起效就要把火关小，以免油炸程度过深。这样可以使保存在食物中的汁液逐步传递油炸的热量，以便使汁液浓缩提升自身的味道。

"你肯定知道炸好的食物表面不会溶解盐或糖，然而食物的性质决定了盐或糖必须与它结合在一起。因此盐和糖就必须有黏性才行，这就需将它们碾成粉末撒在炸制食物上，这样就能达到调味目的。

"至于是选用油还是脂的问题，我就不说了，因为你已经从我给你的烹调书中得到了启示。当你收到几条鲑鱼，每条鱼不超过四分之一磅，都是刚从远离都市的激流小溪中捕捞的，记住炸鱼时要用手边最好的橄榄油。这是一道简单的菜，然而撒上盐、胡椒粉，点缀上柠檬片后，完全可以端给任何一位尊贵的客人。[①]

"同样的方法也可用于烹制胡瓜鱼——美食家的一个最爱。胡瓜鱼是海里的比卡丝莺，与比卡丝莺一样都是美味中的美味。

---

① 奥里森先生是一位学识渊博的那不勒斯律师，同时也是一位身手不凡的中提琴手。一天他与我一同进餐，席间他对某道菜甚是喜欢："这堪比红衣主教的宴席啊！" "为什么？"我用同样的口吻反问道，"你为什么不说像国王的宴席一样好吃呢？"他回答说："我们意大利人认为国王不是美食家，他们的用餐时间太短而且气氛也过于严肃。很难与红衣同日而语。"说完，他就呵呵呵呵地笑起来。——原注

"让我再补充一点，这两个方法都是建立在事物本身规律之上的。经验告诉我们橄榄油只能用于短时间不需要太多热量的烹炸，因为时间一长就会产生焦臭味道，这是由于油中的组织颗粒很难溶解而发生炭化。

"你使用了我的烤炉，上次做的一条油炸大鲆鱼让客人们惊喜不已，那天可是一个值得纪念的日子。现在，你可以离开继续料理自己的工作了。记住从客人们踏进我的餐厅的那一刻起，对于他们的福祉，我俩责无旁贷。"

论口渴

引言

口渴是人类想要喝水的一种内在意识。人体内循环流动着各种维持生命的液体，这些液体在华氏105度时会蒸发。循环过程不断产生废物，原有体液难以维持原有功能，因此需要不断补充与更新，而这种需求就是产生口渴的原因。

我们认为口渴的感觉来源于整个消化系统。当一个人感到口渴时（我们这些运动家就常常处于这种状态中），他会明显感到他的嘴、喉咙以及胃都强烈渴望被滋润的感觉。即便把水送到人体的其他部位，例如洗浴时人的口渴感也会得到某些缓解。这是由于水进入人体后，就会马上补充到需求的部位，口渴症状即告缓解。

口渴的类型

通过对口渴这种感觉的仔细研究，不难发现它有三种不同类型：潜在渴感、人为渴感和焦灼渴感。

潜在渴感又叫作习惯渴感，它是保持体表蒸发与适量补水之间平衡的自动调节机制；正是这种潜在渴感使我们在吃饭时，虽然不渴也能喝下不少水。它也使我们每天几乎任何时刻都能喝下水。这种渴感是永远伴随着我们的，它是我们存在的一部分。

人为渴感是人类所特有的感觉，它来源于一种人体内在的需求，从某些液体中汲取它们本身并不具备只有通过发酵才产生的能量。与其说是它的一种自然需求还不如说是一种人为奢侈，这种渴感是绝对没有止境的。为了平息渴感而消费的酒水，不可避免地唤起了新的口渴感。终究它会转变成一种习惯，这就是酒鬼们的渴感，不喝到酒光人醉绝不轻易罢休。纯水是渴感的天然解药，假如我们用喝水来消除口渴的话，多一口也不会喝。

焦灼渴感是由于潜在渴感不能满足，不断加强而导致的渴感。它被称为焦灼渴感的原因是它伴随着舌头灼痛、上腭干燥和全身发热等症状。这种渴感非常强烈，以至于在世界上的许多语言中"渴"字都包含着极其贪婪迫切的欲望的含义。因此，我们可以说渴望黄金、财富、权力、复仇，等等。如果不是人们亲身体验到这些感觉的内在一致性的话，它们的表达方式不会如此一致地突出"渴"字。

食欲会随着饥饿解除而产生一种惬意的感觉，而口渴则不会产生类似快感。当口渴解除后，它就只是不再被人感觉到；一旦感到无望解渴时，焦灼感就会逐渐变得令人无法忍受。饮水在某些情形下也能获得极大快感，当口渴得要命时喝到了水，或者中度口渴时喝到了美味饮料，整个消化器官从舌尖到胃部都会倍感兴奋。

口渴比饥饿会更快致人死亡。有事例表明，有水无食的情况下人可以生存一周以上；而一旦没水，人没有能够活过五天的。区别在于饥饿使人耗尽体力、虚弱而亡，而口渴的人体温会按小时计算越来越高。

并非所有人在没水的情况下都能坚持这么久。1787 年有人曾目睹路易十六瑞士卫队的一名士兵在仅仅断水二十四小时后就一命呜呼了。他当时在一家小酒馆与战友喝葡萄酒，正当他伸出杯子想再喝点儿时，一个战友指责他比别人喝得多，一刻也不消停。他一赌气，就说他未来二十四小时之内什么也不喝，赌输的一方要花钱买十瓶葡萄酒给胜者。

从那一刻起这位士兵就什么也不喝了，但他仍坐在那里看着战友们喝酒，直至两小时后离开小酒馆。这一夜正如我们所预料的并不太难过，但第二天早上，他很难受地发现自己不能像平日一样来一小杯白兰地。整个上午他都烦躁不安，到处走来走去、无所适从。

下午 13 时，他躺在床上希望能够找到一些平静，然而他的痛苦感却更剧烈了。很明显他生病了，但不管人们怎么劝，他就是不肯喝任何东西，声称一定要坚持到天黑。因为他决心一定要赢得这次打赌，还有部分原因是要维护军人的尊严，所以他拒绝向痛苦低头。

就这样他一直扛到了当晚的 7 点钟，但 7 点半的时候他感到了一阵剧痛，昏厥了过去，直到临终他也没能喝上端到唇边的一杯葡萄酒。

所有这些细节都是我从施奈德先生那里得到的，施奈德是个可靠的人，他时任瑞士卫队连的号手。当时我也住在凡尔赛宫中，就在他们的营房附近。

口渴原因

有几种情形单独或共同作用时会引起口渴，其中有些情况难免对我们日常生活及习惯产生影响，我们将予以说明。

炎热能引起口渴，这就是为什么人们长期以来喜欢在溪流边上定居的原因；体力劳动能引起口渴，因此老板们会用美酒来恢复下人的体力，故而有了这样一句老话——花得起酒钱请得起人力；跳舞能引起口渴，因此跳舞时人们总会喝些兴奋或放松的饮料；演讲能引起口渴，因此演讲者文雅地从杯中呷上一口水，然后把杯子放在讲台架子上的白色手帕旁。[1]

肉体之欢也能引起口渴，因此有那么多的诗歌描写美神维纳斯经常光顾的地方，比如塞浦路斯、Amathontes、Cnidos 等地到处长满了灌木丛，小溪一路蜿蜒流淌。

唱歌能引起口渴，因此大家想当然地认为歌唱家必然是善饮者。我本人是歌手，认为这种说法纯属谣言，现已经证明上述说法没有根据。经常光顾我们家客厅的歌手饮酒都很谨慎。不过即使当不成酒中仙，他们也能变成美食家，据说由先验和谐学会举办的圣塞西莉亚庆祝宴会常常持续二十四小时之久。

故事一则

大风也是造成口渴的一个重要原因。我相信下面的故事可使读者尤其是猎人们看完之后感到高兴。大家都知道鹌鹑喜欢在山区栖息，在那里由于收获季节较晚，故可更有把握成功孵卵。当黑麦收割完后，它们又会去吃燕麦和大麦。当这两种作物最后也开始收割的时候，它们就去寻找成熟更晚的庄稼地。

这也正是猎杀鹌鹑的好季节，因为还在一个月前，这些鹌鹑还是

---

[1] 卡农·德来斯特拉是一位性格随和的神父，他自己在布道的间歇爱吃蜜饯，同时允许听众们在他布道时咳嗽、吐痰、擤鼻涕。——原注

十分分散的，现在却集中在几亩大的地里觅食，并且此时的鹌鹑肥美异常。

那年 9 月，正是这些肥美的鹌鹑吸引我与几个朋友来到了南蒂阿的山坡上，此地隶属于普兰道托恩地区。我们整装出发，秋日上午的明媚阳光让我们这些久居都城的 cockney（"伦敦佬"）[①] 感到非常新鲜。

早在我们正吃早饭时，北边就刮起了一阵大风，但这并未能影响我们继续行动的热情。开始围猎还没到一刻钟，组里身体最弱的猎人就开始抱怨口渴，因为其他人也都有同感，所以并没有人嘲笑他。

因为驴子驮的补给品就在身边，大家索性都喝了些水，但没过多久又都感到口渴了。口渴如此剧烈，以至于一些人认为自己病倒了，其他人也感觉快要病了，有人甚至开始说想回家了。那样的话，就意味着我们今天白白走了二十五英里的冤枉路，而一无所获。

我当时花了些时间理了理思路，找到了导致我们特别口渴的原因。我把朋友们集中在一块，告诉他们口渴的感觉是由四种因素造成的：因为海拔高，气压大幅降低会导致血液循环加快；阳光直射威力大；长途跋涉迫使我们呼吸加深；还有最重要的就是大风，它使我们口干舌燥、皮肤失去自然水分。

我补充说这不会有危险的，既然知道谁是敌人了，我们就应该采取措施打败它，例如每隔半小时喝一次水就没问题。

话虽如此，这项防范措施并没有完全解决问题，口渴依然难以抵挡。不论是葡萄酒、白水、葡萄酒加白水，还是白兰地加白水都不管用。我们甚至在喝水的同时还感到口渴，这一整天过得十分狼狈。好在夜

---

①cockney 一词指久居伦敦从未离开过首都的伦敦人，有一个类似的法语词是 badaud，指从没有离开过巴黎的人。

幕如约而至，我们来到拉托家的农场，受到了热情款待，主人把自家的食品拿给我们吃。我们美美地吃了一顿，然后赶紧找到他家的干草堆，在那上面享受了最甜美的一觉。

第二天的情况证实了我的理论。夜里风渐渐停了，第二天的阳光依然明媚甚至更热一些，但我们却在打猎几个小时后仍不觉得太口渴。

但我们还是犯了一个严重的错误：出发前虽然把水壶仔细灌满了水，但我们喝得过于频繁，所以仍然不够喝。最后当所有水壶都空空如也，我们只好选择去照顾小饭店老板的生意了。当然我们也不会束手就擒，我慷慨激昂地演讲了一番，列举了让我们口干舌燥的北风的种种罪行；不过此时，桌上那道堪比皇家宴席的菠菜炖鹌鹑眼看就要被食客一扫而光了，虽然佐餐的酒水还比不上苏雷斯尼（Suresnes）^①葡萄酒好喝。

---

①Suresnes，距巴黎10英里远的一座小镇，以出产劣质葡萄酒闻名。有一种说法称，要喝下一杯苏雷斯尼葡萄酒得需要三个人，一个人喝，另外两个人陪酒，并在他喝得心情低落时开导他。贝黑耶的葡萄酒也有类似的说法，但人们依旧爱喝。——原注

论饮料 ①

导言

"饮料"指的是可以在佐餐时饮用的任何液体。水似乎是最天然的饮料,有动物的地方就有水,成年人喝水就像婴儿喝奶,水和空气同等重要。

水

水是唯一能真正解除口渴的饮料,这也就是人们能相对少量饮用

---

① 本章仅涉及哲学探讨,关于现存的诸多饮料的描述无法在本章展开。因为如果那样做,这一章内容将过于烦琐,无法终结。——原注

的原因。其他饮料都只不过是缓解口渴；如果某个人除了水以外别的饮料一概不喝，他也绝不会被人说成不渴也总想喝点儿的人。

饮料的"奇效"

饮料很容易被动物的身体组织所吸收，效果立竿见影。给一个身体虚弱的人一顿丰盛的美食，他不但进食困难而且症状不会马上好转；然而如果给他一杯葡萄酒或白兰地的话，他马上就会感到好受多了，转眼间就能够振作起来。

我的侄子吉加德上校讲过一个故事，足以证明我上述理论的正确性。我的侄子天生不会讲故事，他讲的故事不会有假。

一次他带领队伍从雅法城包围战中退下来，计划中途到某地休整和补水。就在抵达休息地的时候，他们发现地上陈列着不少士兵的尸体，这些人属于头天撤下来的队伍，很显然他们死于暑热。在这些尸体中，我侄子的下属发现了一张熟悉的面孔，此人是一名马枪骑兵。看样子他似乎已经死去二十四小时以上了，由于白天晒了一天，他的脸已经变得像乌鸦一样黑。

这些士兵围住了这具尸体，或许是想看战友最后一面，或许是想搜罗下战友的遗物。他们惊讶地发现这人的四肢并未僵硬，胸口处仍然是热的。

"给他来口 sacre-chien 酒，"队伍中一个爱讲俏皮话的士兵说。"我敢说只要他还没有跨过冥河，一定会回来喝上一口。"

果不其然，那人只喝了一勺酒就睁开了双眼，大家都吃惊地叫起来。在用酒帮他按摩完太阳穴后，众人又喂了他第二勺酒。在众人的帮助下，他很快能骑到驴背上了。人们随后把他带到井边，当晚大家对他精心看护，还喂了些枣给他吃，并给他吃了一些清淡食品。等到第二天，他仍骑在驴背上，并最终与大家一起到达了开罗。

烈性饮料

人类有种本能，引诱我们去寻找烈性饮料。

葡萄酒是饮料中最受人喜爱的一种，它的起源追溯到人类的童年时期，不管是归功于最早种植葡萄的诺亚还是最早榨汁的酒神巴克斯。啤酒被认为是埃及冥神俄西里斯酿造的，那可是人类还处蒙昧时代的事了。

所有人类，甚至包括我们所说的野蛮人，都对烈性饮料有强烈的欲望。尽管野蛮人知识能力有限，他们仍以某种方法得到了烈性饮料。他们把家畜的奶弄酸，或者用他们认为含有发酵因子的果实和根来榨汁。

不论何时何地，整个人类的社交史中，烈性酒都起着非常重要的作用。不论是结婚、丧礼、祭奠，总之不论欢乐还是悲伤的场合，所有宴席上都离不了烈性酒来助兴。

人类世世代代饮用并赞颂葡萄美酒，直到人们猜想出怎样提取出酒精类物质。阿拉伯人将蒸馏技术应用到提取玫瑰精油中，在他们的著作中可以看出玫瑰花一贯享有崇高的地位。随后人类终于意识到葡萄酒中含有刺激味觉的成分，就这样我们一步步地发现了酒精、葡萄酒还有白兰地等。

酒精是饮品之王，能给味觉器官带来无比美妙的享受。各类酒精饮料为人们开辟出一片新的快乐源泉，能与药物搭配从而大大提高其疗效；它甚至成了我们手中强大的武器，在征服新大陆的过程中，白兰地发挥的威力并不比武器小。

人类发现酒精时所采用的方法后来又带动了其他重要发现，这种方法的本质就是将某些物质的具体构成部分分离提取出来的过程。它成为指导人们从事类似研究的范例模式，从而把一些全新的物质带入和即将带入我们的生活，如马钱子碱、奎宁、吗啡等。

其实人类对这种一度被大自然雪藏的液体（酒精）之钟爱不拘气候、不拘地域，这正是值得哲学家注意的问题。

与其他哲人一样，我对此问题进行了深入思考，我认为人类对酿酒的渴望以及对未来的焦虑是其他任何动物都不具备的，这两种素质必将引领人类进入一场"最后的尘世革命"。

论美食主义

导言

关于"美食主义"一词的定义，我查阅过各种词典，但结果都不能令我满意。词典中总是将美食主义与暴饮暴食或者饕餮贪吃混为一谈。我的结论是也许这些词典编纂者在其他领域很优秀，但在美食方面远远比不上那些嚼着鹌鹑翅、跷着兰花指喝伏旧园葡萄酒或拉菲酒的魅力绅士。

这些编辑彻底忘了美食学是一门集雅典之优美、罗马之奢华、法国之精巧于一身的大学问。美食学会聚了精心的设计与高超的表演，其品质甚至可以用"美德"一词来概括，它也是我们最单纯的快乐之源。

89

定义

下面由我们为美食主义下定义，正本清源。

美食主义是对那些让味觉器官愉悦的事物保持热情的、理性的，同时也是习惯性的偏好。暴饮暴食是美食主义的天敌，暴殄天物者和每饮必醉者都属犯罪，须从美食家队伍中清除。美食主义包括甜食主义，后者偏爱小食品、糕点、蜜饯等，这些食品经过改进更加适合女士们及阴柔男士的喜好。

不管从哪方面考虑，美食主义都值得表扬和鼓励。从身体方面讲，它是消化器官处于健康、完好状态的结果与证据。从精神方面讲，它表示绝对遵从造物主的安排。造物主赐予人类食物以维持生活，赐予我们食欲和味觉作为进食动力，赐予我们快乐作为进食的回报。

美食主义的功能

从政治经济学方面考虑，美食学通过日用消费品的互相交换，起到了连接世界各国的纽带作用。

美食学催生了全球范围各民族之间的物物交流，这些货物包括葡萄酒、各种烈酒、糖、香料、腌菜、各类食品乃至鸡蛋、甜瓜等。它能协助确定食品按质论价，不管其品质是人为的努力还是天然的属性。它能给那些每天向最苛刻的市场运送自己劳动产品的渔民、猎人、农民，还有其他行业的从业者鼓舞士气。

最后，它为厨师、糖果制造者、面包师以及所有与食物有关行业的从业人员提供了生活保障。这些人为满足自己的生活所需而要购买其他的劳动产品，从而使大量的金钱流动起来，具体资金周转频率和规模就连最专业的人士也望而却步。

美食行业有显著的优势，即一方面人们对其产品的需求具有长期性，每天都会有吃饭的需求；另一方面，该行业的产品有那些腰缠万贯的美食家们的支持。

在目前社会状态下，很难想象会有哪个民族仅靠面包与蔬菜就能生存下去。如果确有这样一个民族存在，那么难逃被外族军队所征服的命运，就像印度人对外族入侵就从来没有反抗过；或者它将会接受邻近种族的烹饪技艺，就像古希腊皮奥夏人在留克特拉战争之后都变成了美食家。

更多功能

美食主义对于国家财政的贡献巨大：道桥收费、关税，各种间接税收层出不穷。美食家的消费品都要被征税，他们也是国家财富重要的贡献者。

怎样评价过去几个世纪里离开法国去探索异国美食文化的厨师呢？他们的努力几乎都得到了回报，凭着法国人天生的本能，将自己的劳动果实带回祖国。他们用这种方式积累的财富之多超出了人们的想象，有许多人成了名门望族的奠基人。如果说各国的兴旺发达各有原因的话，法国比其他国家更应该为美食主义开坛设祖。

美食主义的能量

根据 1815 年签订的《十一月条约》①，法国必须在三年内向反法同盟交付七亿五千万法郎。此外，条约还规定反法同盟国的居民可以以个人身份提出索赔，这些个人索赔经评估后约有三亿法郎。最后是

---

① 拿破仑战争之后签订的第二个巴黎条约（第一个签订于 1814 年），在滑铁卢战役战败后，法国与第六次反法同盟所签订的和约。

被敌方将领征用的物资，被一车一车地运往法国边境，这笔开支也需要政府支付，总金额不少于十五亿法郎。

法国人有充分的理由担心如此巨大的赔款，每天都要真金白银地支付，会给国家财政套上致命的枷锁，最终使整个国家一贫如洗、无力偿还。那些有产者一边看着维维安大街上装满货物的双轮马车，一边哀叹："哎呀呀！所有的钱财都给弄到国外了，明年我得为一克朗而下跪乞讨了。一切都被毁了，只好去当乞丐了。企业会破产，借款没希望，我们就要面临饥荒、瘟疫和死亡了。"

事实完全不像他们想象的那样糟糕。就连学金融的学生都想不明白：赔款偿付得很轻松，借款反而增加了，贷款也超出预料。在这次大清洗中，汇率指标始终有利于我方；换言之，流入法国的钱比流出法国的还要多。

那是什么力量拯救了我们？又是何方神仙创造了这一奇迹？原来是美食。

当英国人、德国人、条顿人、辛梅里安人、锡西厄人那样蜂拥闯入法国时，他们顿时胃口大开，很快就不满足于法国官方被迫举办的正式宴会，渴望更优雅的享受，巴黎城很快就变成了一个大食堂。在饭店、旅店、酒馆、小饭馆，在每条街道都可以看到侵略者在大吃大喝。

他们吃的东西有肉、鱼、野味、松露、糕点，还有水果。他们的酒量与食欲一样巨大无比，经常要消费最昂贵的葡萄酒。他们一心想要体验一把从未听说过的享受，这让他们大开眼界。

思想肤浅的观察者不知如何评价这种无休止的大吃大喝，但真正的法国人却拊掌大笑："瞧吧，他们被迷住了。财政部上午给他们的钱，晚上他们就得加倍还回来。"那段时间对于把握住人们胃口的人来说是个黄金时代。韦里发了大财，阿沙尔打下了发展的基础，布维耶积累财富开了第三家饭店。叙罗夫人在皇宫中十二平方英尺的小饭店每天都能卖出一万两千个果馅饼。[1]

那一段日子的影响延续至今：和平年代那些外国人还对战时在法国养成的美食习惯念念不忘，时不时地要从欧洲各地千里迢迢地来法国享受一番。他们想要享受就得去巴黎，一到巴黎，美味的诱惑立刻就让他们欲罢不能。我们借到的贷款充足并非由于付给他们的利息高，而是因为人们会本能地信任一个崇尚美食的民族。[2]

美女美食家

美女也离不开美食。女性的身体器官更为精巧，美食在一定程度上弥补了她们生理上的不利条件，减轻了种种社会约束带给她们的痛苦。

美女进餐本身就是一道赏心悦目的风景：餐巾优雅地挂在胸前，一只手放在餐桌上，另一只手精巧地将一小块食物送入嘴里，张口咬下一块鹌鹑翅；她们明眸善睐、红唇轻启、举止优雅，动作彬彬有礼。面对如此美好的世间尤物，就连古罗马的政治家加图也很难坐怀不乱，不为心动。

轶事一则

不过我在这儿还想说件令人不快的事。

一次就餐时，我有幸被安排在 M-d 夫人旁边。当她突然转向我说

---

① 侵略者在经过香槟城时，从名声远播的莫伊先生的酒窖里拿走了六十万瓶埃波内葡萄酒，但他很快就得到了回报：掠夺者喜爱他的葡萄酒，来自北方的订单从此成倍地增加。——原注

② 本章中的数字与估算是根据 M.B. 先生的材料得出的，他是一位实至名归的美食家，因为他不但是一个金融家，而且还是一个音乐发烧友。——原注

"祝您健康"，我心里感到受宠若惊，正准备回敬她几句漂亮话。可是我的话还没说完，她就已经转向她左侧的客人并邀请他与她干一杯。他们碰了杯，而我被冷落，这给我内心造成的伤害多年都没有愈合。

女人都是美食家

美食可以美容，因此女性对美食有一种本能的偏爱。

无数严格观察表明：营养丰富、精美可口的饮食可以大大延缓容颜衰老。美食可以使眼睛变得有神，使皮肤变得红润，使肌肤变得有弹力。生理学告诉我们，沮丧可以导致皱纹产生，而皱纹是美丽的死敌。绝对可以说在其他条件都一样的情况下，懂得美食艺术的人要比不懂的人至少年轻十岁。

画家和雕塑家很早以前就认识到了这一规律，他们从不表现守财奴、修士，还有其他自愿或为履行义务而节制食欲的人，因为这些人面有病色、身体虚弱、皱纹堆垒、老态龙钟。

美食的社会影响

美食是连接社会的主要纽带之一，它将各色人等聚拢在一起谈天说地，从而扩大了交际圈，传统的等级差别也就淡化了。

主人费尽心思准备的菜肴如果能得到客人们的夸奖，一定会备受鼓舞。愚蠢的食客吞下精美的菜肴而无动于衷，简直就是犯罪；如果他漫不经心地豪饮名贵的佳酿而不品味其幽香，简直就是亵渎神灵。

一般人都会认为贴心而又好客的主人值得公开称赞，况且对盛情款待表示感谢也是常礼。

美食主义之于婚姻幸福

美食可以分享，也有点像幸福的婚姻。

一对已婚的美食家，每天至少可以愉快地见一次面；这两人即便分床而居（这种情况很常见），他们总要在一张餐桌吃饭，就会有说不完的话题。他们不仅可以谈论正在吃的饭菜，而且也可以谈论将要吃的，以及在朋友处见到的时尚菜肴、新品菜肴，诸如此类，这样边吃边谈实在是趣味盎然。

相比之下，对于发烧友来说，音乐具有很强的吸引力；但音乐需要演奏，而演奏需要努力练习才行。一场感冒、一本丢失的曲谱、一件跑调的乐器或有点头疼脑热，就会葬送所有的音乐。

但对美食共同的爱好却可以使一对男女同桌共餐，自然地吸引着对方，温文尔雅地向对方献殷勤。在这种情况下，食物成了他们幸福生活的重要组成部分。

对于法国人来说，上述生活智慧显得很新鲜，但英国的道德家理查逊对它早有认识，并在其所著小说《帕米拉》中大加论述。这部小说中描写了两对夫妻不同的生活方式，两个丈夫是一对兄弟。兄长是贵族，继承了全部的家产。兄弟则由于娶了帕米拉而被家里剥夺了继承权，靠着微薄的工资度日，生活几近贫困。

每天早晨，贵族夫妇从餐厅两侧的门分别走进来，冷冷地打个招呼，然后桌前落座，身着金光闪闪衣服的仆人们侍立在周围。夫妻俩默然对坐，饭也吃得无精打采。不过当仆人们退下去后，他们开始了"交谈"：先是唇枪舌剑，随后开始破口大骂，继而双方都愤然离席，退回到各自房间，心里恨不得对方早点儿死掉才痛快。

和哥哥恰恰相反，弟弟一回到他那简陋的寓所，就能感受到妻子的柔情蜜意。他们的餐桌很简陋，可帕米拉亲自做的饭菜却一点儿也不差。他们吃得怡然自得，边吃边聊他俩的事情、向往和爱情。半瓶马德拉白葡萄酒无形中延长了他们的晚餐夜话的时间。接下来他们同床共枕，一番云雨之欢后双双进入梦乡，忘却了艰苦的当下，梦到了美好的未来。

我们给读者讲述了美食学的影响，它既不会让人变得懒惰也不会让人变得奢侈！正如亚述国王萨丹纳帕路斯的绝情寡义并没有让男性指责女性，同样，古罗马皇帝维梯留斯的贪吃也不会使人面对一桌精美的宴席无动于衷。

一旦美食主义演变成了暴饮暴食、贪婪及纵欲，那么它就不配再被称作美食主义，它就不在我们所讨论的范围之内，而是进入了道德家的批判视野中，或者成为医生用药医治的对象。

正如教授在本章所述，"美食主义"一词是法语所特有，拉丁语、英语、德语中都没有与之等价的词汇，因此我奉劝那些想翻译拙作的人，最好保留原词不动。这种情况在别的国家翻译"风情"及其衍生词时也有发生。

一个爱国美食家的自注

我可以自豪地说，"风情"与"美食主义"两词都是在社交高度发达条件下产生的，它们满足了人们的迫切需求，最初都带有法国的烙印。

论美食家

美食家勉强不来

有些人天生缺乏敏锐的感官和专注的能力，不具备这两个条件，再精美的饭菜也是明珠暗投、问道于盲。

生理学很久就注意到感官敏锐的重要性，并指出某些人负责吸收和品尝滋味的舌头上的乳头状突起功能出了问题，这种舌头带给主人的只能是平淡乏味，这与盲人看不见光是同一个道理。

精力不集中的人往往吃饭时心不在焉、狼吞虎咽，他们总是忙忙碌碌，恨不得同时完成两件事，吃饭对他们来说是填饱肚皮。

拿破仑

拿破仑就是一个例子。他吃饭没有规律，总是马虎草率。对他来说，吃饭与其他事业一样是一项需要坚定的意志去完成的工作而已。他一感到饥饿就要立刻吃东西，他的厨房里食物齐全，以备他随时发话就能立刻把家禽、肉排、咖啡端上桌来。

天生美食家

确实有人对口腹之欲有天生的敏感和欣赏才能。我是一个很传统的法国人，并且是瑞士神学家拉瓦特尔的信徒，我笃信人的先天能力。如果说有人生来视力不佳、腿脚不便、听力不好是因为他们一生下来就眼睛近视、腿瘸、耳聋，那么为什么另有些人就不能天生具有超常的感知能力呢？

再者，即使最不善于观察的人，只要见多识广、阅人无数，也能将各种面相的人的主要气质说出来，例如轻慢、自满、孤僻、好色等。相由心生，种种气质难免会在面相中留下一些蛛丝马迹。

情感可以影响肌肉。经常会出现这种情况，一个人虽然表面上很冷静，但他头脑中所思所虑的仍会流露在面目表情中。面部肌肉紧张一旦成为习惯动作，最终会在脸上留下明显的印记，这就给面相增加了可理解性。

天生感受力

天生的美食家一般都是中等身材、方圆脸形、眼睛明亮、额头较小、鼻子不长、嘴唇丰满、四方下巴。女性有下列特点：丰满、可爱、有点发胖的趋势。那些爱吃甜食的女性身材一般较纤细，容貌也较清秀，最重要的是她们的舌头与众不同。

上述模样的人一般都追求完美的饮食，他们细品每一道菜，每吃一口都心有所得。如果宴会主人十分好客，他们一般不会匆匆离去，往往可以消磨整整一个晚上，所有适合聚餐场合的游戏和消遣方式都是他们的拿手好戏。

与此相反，天生没口福的人一般是瘦长脸型，眼睛和鼻子都较大。不管他身高如何，他总是给人一种瘦长的感觉。他们的头发暗而无光，体态绝不丰满，正是这些人发明了裤子。而没口福的女人长得瘦骨嶙峋，在餐桌上很容易疲倦，她们的生活全部内容就是玩牌或传闲话。我想没有人会反驳这个生理学解释，因为每个人都能够用自己身边的事例来证实。不过，我还是想进一步用实例来支持我的理论。

一天我应邀出席一个重要的宴会。坐在我对面的女孩漂亮而又性感。我转身对邻座的人耳语："从这个姑娘的容貌特征上看，她肯定是个不错的美食家。"邻座回答："不靠谱，她都不到十五岁，哪有这么小的美食家……我们来验证一下也好……"

一开始的情形对我很不利，我不禁有点担心自己的判断。因为上前两道菜时，这位女士表现得很矜持，这有点让我疑惑不解。难道我百试不爽的法则对她不灵验了，她会是个特例吗？最后当甜点上桌时，我又看到了希望。果然不出我所料，她不但吃完了自己盘中的那份，而且还请人传递过桌子另一端的甜点。直到桌上所有的甜点都被她一一品尝过了，我的邻座简直被这个小姑娘的大胃口惊呆了。我的判断被证实了，科学又一次取得了胜利。

两年后，我又一次遇到了当年的那个小姑娘，她刚结婚一个星期，食欲比原先又有增加。她开始表现得风情万种、妩媚动人，然而都在习俗允许的范围内。她丈夫的表情丰富难以琢磨，活像一个能够同时发出哭声和笑声的口技演员。他因妻子引人注目而高兴，可是当有人殷勤过度，他又会感到嫉妒不安。当嫉妒心占上风时，他干脆带上夫人一走了之，从此我再也没见过她。

还有一次，我对担任过多年海军部长的德克莱公爵发表过类似评价。在我的记忆里，他是一个身材矮胖、皮肤黝黑、长着一头卷发的壮汉，他长着一张大圆脸、下巴突出、厚嘴唇、大嘴巴。就凭这些特征，我立刻断定他一准既好色又好吃。

我把我的这个观察轻声告诉了旁边一位看上去貌美而又谨慎的女士。我犯了一个错误，她是个十足的长舌妇，要让她保密简直像杀了她一样。就在当晚，公爵先生就知道我给他相面的事情了。

第二天，我就收到了公爵先生寄来的一封信，信上他客气地反驳了我说的两个特征。我并不认输，回信说大自然自有其运行规则，假如他天生适合某些任务而又执意拒绝，那他就是有违老天的意愿，我当然没有义务保守这一秘密，云云。

我们的通信就此中断。可没过多久，全巴黎的人都从报纸中读到了这位部长与他的厨师之间的一场旷日持久的恶战，而部长大人竟然不能占到上风。经过这么一番波折，他的厨师居然没被开掉，由此可以判定公爵一定是被这位大厨的厨艺征服了。他担心别的厨师不了解他的口味，否则他才不会容忍手下人对自己如此放肆无礼呢。

我写这些的时候正值冬天的一个晚上。那天天气很好，恰逢卡蒂尔先生来我家访问，他就坐在火炉旁。他曾是歌剧院首席小提琴手，演奏技艺精湛。我当时脑子里想的全是美食，我盯着他问："亲爱的教授，您不会是美食家吧？您具有美食家所有的相貌特征。"

他回答："我曾经酷爱美食，不过现在我戒了。"

我问："是出于什么考虑呢？"

他没有回答，只是像沃尔特·司各特那样深深叹了一口气。

美食家的职业

有些人成为美食家是天生的，还有一些人则与他们所从事的行业有关。与美食有密切联系的四种职业是：金融、医药、文学和宗教。

金融

金融家是美食界的英雄。"英雄"这个词非常适合描述金融家，因为他们久经沙场，懂得用保险柜和奢华的盛宴来抗衡贵族老爷们引以为豪的头衔和盾徽，而厨师对抗的是传统的菜系分类。尽管王公贵族仍然禁不住嘲笑宴席的主人，但他们大驾光临却足已说明了一些情况。

那些轻而易举就能聚集大量财富的人几乎注定也会成为美食家。个人的条件不同，因而财富各异，但人们并不因为贫富差异而生理需求不同。即便一个人能付得起一百个人的饭费，他吃下一块大鸡腿也就饱了。因此，美食的使命是新菜肴让萎靡的食欲振作起来，并保持兴奋和健康状态。这就是为什么蒙多成了美食家之后，许多人纷纷效仿。

在大多数初级烹饪书的菜谱里都有为金融家专门设计的菜式。过去人们都知道最先品尝第一茬豌豆的人不是国王，而是土地承包人。一盘这样的菜价格为八百法郎。他们吃的菜是我们平常见不到的，是大自然少有的珍品。最早成熟的温室水果，还有最讲究的厨艺等，足以使最有见识的人也禁不住金融家宴席的诱惑。

医药

医药业也是容易产生美食家的职业，个中原因虽然不同于金融业，却殊途同归。医生是被人们诱惑着变成美食家的，要知道就连铁石心肠的人也抵挡不住环境的诱惑。

医生是人类健康的保护神，不管走到哪都是最受欢迎的人，而健康乃是这个世界上最珍贵的东西，故而医生们很快就会变成被宠坏的孩子。

人们总是怀着迫不及待的心情等候医生出诊，自然也会殷勤款待他们。漂亮的女患者召唤他们，小孩子用拥抱跟他们打招呼，父亲和丈夫们把自己心爱的亲人交由他们照看。人们对医生充满希望和感激。像对待鸽子一样宠爱他们，他们盛情难却只能接受。用不了半年，他们也就对此不以为然了。

1806年有一天在柯维萨尔医生主持的晚宴上，我终于有机会当众阐述这些观点。我是第九个发言的，发言时以清教徒般的语调说："想当年法国人设宴请客乃是家常便饭，如今像你们这样保持请客传统的医生已不多见。过去那些人现已分散到各地并偃旗息鼓了，人们再也看不见土地承包人、修道院长、骑士、修士们大排宴席了。医生现在成了唯一能够欣享美食的群体，你们要肩负起这个重任，即使面对艰难险阻也要传承下去。"

我讲话时，在场的人无一反对，于是真理得到了传播。

那次宴席上，我还有一些观察值得一讲。友善的柯维萨尔医生不喝白葡萄酒而喝冰镇香槟。宴席开始后客人们闷头大吃，他却谈兴正浓不停地讲故事和逸事。等到最后上甜点时，其他客人开始谈兴渐浓时，他却沉默下来情绪还显得有些低落。从这次的以及其他类似情况判断，我得出了如下结论：香槟酒刚喝下时会让人兴奋，而稍后却使人迟钝，这正是香槟酒的主要成分——碳酸气造成的后果。

质疑医生

说起医生，我想趁我有生之年有机会大声抗议医生对病人所采取的种种野蛮手段。

一旦落到医生手里便意味着一场自卫战的开始，生活的乐趣荡然无存。医生们给病人规定清规戒律多数都毫无作用，我说他们无用是因为几乎没有病人愿意吃对自己健康有害的食品。有理性的医生不应忽视病人的饮食爱好，要记住令人不适的味道通常是有害的食物。同理，令人心旷神怡的味道通常是对人体有益的食物。少量葡萄酒、一杯咖啡、几滴烈性酒就能使病痛缓解，这是人所共知的常识。

再有一点需要告诉这些病床边上的"暴君们"，即他们的处方并非总能奏效，病人们总是设法避免遵守，他们身边的人也从来没有满足他们的需要。不管怎样，病人的病情不是变好就是变坏。

1815 年，一个俄国病人每顿允许的酒量足以让一名巴黎的搬运工醉倒。也没有人做任何约束，因为军队视察员们总是不停地造访医院，视察那里的服务和设备。

我发表这一观点时信心十足，因为有大量证据支持我的观点。同时，一些优秀的医生也开始接受我的批评，改进他们的工作方法。卡农·罗来死于五十年前。他生前是个酒鬼，这在当时可是一种社会风气。病倒后，医生对他说的第一句话就是让他彻底戒酒。然而当医生第二次出诊时，发现他躺在床上，身边摆满了他的罪证，请看：在雪白的桌布上摆着一只水晶高脚杯、一个高级酒瓶，以及一块擦嘴的餐巾。见此情景医生大发雷霆，扬言不再给他看病了。可怜的卡农悲切地申辩："可是，医生。你只是让我戒酒，并没有让我戒掉欣赏酒瓶的快乐呀！"

家住在维勒桥的德·蒙吕桑先生生病时，医生对他更为残忍：不但让他戒酒，甚至还让他大量饮水。医生刚一离开，蒙吕桑夫人急于让丈夫早日健康，就立刻给他端来一大杯纯水。蒙吕桑先生顺从地将水杯端在手里，不过只喝了一口就停了下来，他把玻璃杯还给妻子说："亲爱的，端好它。我回头再喝，我常听人说别浪费良药。"

文学界

美食王国中，文学与医学比邻而居。

路易十四时期的文人都是酒鬼：时代潮流如此，当时的回忆录反映了这一状况。如今文人们变成了美食家，这是一个很好的改变。杰弗里曾经刻薄地指出，当今的文学作品缺乏力度是因为作家喝的是糖水而非烈酒，对此观点我不认同。

相反，我认为他犯了两个错误，即在认定事实和后果上都不对。当今时代人才辈出，但如此巨大的数量可能反而害了他们；也许我们的后人更能对他们做出正确的评判，正如我们现在给了拉辛和莫里哀应得的荣誉，而在他们生活的时代却受到了冷遇一样。

作家的社会地位从来没有如此令人满意，他们再也不用住在令他们愤懑的蛮荒之地，文学的田地正在变得越来越富饶。如今，诗歌的灵泉里的水闪烁着金光，作家获得了平等的社会地位，再不需要对赞助人卑躬屈膝。最令作家们高兴的是他们能够遍尝美食，有才气和名望的作家到处受到邀请，他们的演讲总是令人开胃。如今每个社交阶层都有他们心仪的作家。

这些人物大驾光临总会晚到一会儿，因为被人挂念会使他们更受欢迎。大家仔细研究他们的口味以确保他们下次还能再来。人们请他们品尝珍馐美味来换取作家们的才思雅兴，一旦对这种待遇习以为常后，文人就自然而然地变成了美食家且终身不变。

文人们受到如此厚待自然引起了好事者的诟病。人们也在议论某某作家甘受美食诱惑、谁谁的升迁是在饭桌上决定的，以及文学的不朽殿堂就这么被餐叉轻易撬开了，不过这些闲言碎语很快就销声匿迹了。

宗教

最后来说一下那些虔诚的教士，他们中有许多都是美食的忠实信徒。所谓虔诚信徒，我们认同路易十四和莫里哀的说法，即指那些身体力行的实践者而非口头上说说而已的信徒。

我们来看下他们是怎样履行这项使命的，那些迫切希望得到灵魂救赎的人中，大多数会选择最安稳的途径；选择住山林、睡木板、穿麻衣的人毕竟只是少数，而且只能是少数。还有一些消遣人们绝不会赞成而大加挞伐，比如跳舞、看戏、赌博等。

当人们憎恶上述那些活动时，美食便悄然进驻，因为它巧妙地迎合神学的一些观念，即人类是自然之王。地球上的一切都是为人类创造的，比如鹌鹑长肥是为了人类进食，摩卡咖啡的芳香是为了人类畅饮，糖也是为了人类健康。

既如此，我们为什么不去享用造物主赐予的一切呢？当然享用要有节制，反正我们承认它们必然迟早要消亡，消费它们可以增加我们对造物主的感激之情，这就更没有理由拒绝享用这上天的恩赐了。

这还不是全部理由，我们还有更具说服力的原因！我们隆重款待那些引领人类心灵通往救赎之路的人难道不应该吗？我们把聚会搞得更愉悦一些、频繁一些，难道不也是很应该的吗？

宴饮之神的礼物有时会意外到来，它可能是一段校园时光的回忆，可能是一份故交老友的礼物，可能是谦虚的忏悔，可能是一位亲人的造访，可能是被帮助者的感恩之情。如此丰厚的礼物怎好意思拒绝？礼尚往来，受请者又怎能不回请一次？

此外，这也是人类长期以来的传统，那些老修道院过去就是汇集天下美食的场所，这也正是某些美食家对修道院美食衰落而深感悲伤的原因。①

为数众多的宗教团体赋予美食以特殊地位，这在圣伯纳德教派尤为明显，该教派厨师为厨艺的进步做出了特殊贡献。后来死在贝尚松

---

① 法国最好的葡萄酒是拉科特地区圣母往见会的修女酿造的，尼奥尔的修女们最先酿造了天使酒，夏多梯埃的修女们制作的橘子花蛋糕远近闻名，贝莱的乌尔苏拉会拥有梦幻般美味的糖果配方。——原注

大主教任上的德·普莱西尼曾参加过任命庇护六世教宗的主教团会议。据他说，在罗马吃过的最好的饭菜是圣方济会会长做东的宴席。

骑士与修士

要想给本章一个合适的结尾就不能不提被大革命消灭的两个社会阶层：骑士和修士，他们绝对都是出色的美食家！从他们宽阔的鼻翼、发亮的眼睛、光泽的嘴唇、突出的舌头来看就不会有错，尽管他们有各自独特的餐饮嗜好。

骑士的吃相中带有军人的特点。他们每吃一口都带着威严的神情，吃饭过程非常平静，为了表示对饭菜的喜爱，他们会向男主人投以赞赏的目光，然后把目光移向女主人。

修士则完全不同，他们埋头吃饭几乎趴在盘子上。右手弯曲呈猫爪状，仿佛是要在火中取栗；他们的脸上充满着幸福，其全神贯注的神情只可意会，不可言传。

当今时代有四分之三的人无缘瞻仰修士、骑士的风采，而了解他们的知识对于正确理解18世纪的书来说必不可少，因此不妨参阅《决斗史随笔》一书，我想这样就能对主题有个全面的了解。

美食家长寿

根据我最近的阅读经验，很高兴在这向大家报告一个好消息：美味佳肴绝对有益健康。同等条件下，美食家比其他人的寿命更长久。

我所讲的这些情况是维勒迈医生在科学院宣读的一篇论文中证明过的。他将经常享用美食的阶层与营养不良的阶层做了比对；又按照财富状况将巴黎各区进行了一番比较，众所周知这方面差距十分巨大，犹如圣马索区与安坦大街之间的差别。

另外，维勒迈医生的研究报告还涉及法国的乡村地区，根据各地土地肥沃程度做了对比，所有研究结果都表明：吃得越好死亡率越低。值得欣慰的是，那些注定营养不良的可怜人越早离世就越早得到解脱。

贫富地区死亡率差异巨大，富裕地区某年的死亡率仅为五十分之一，同期赤贫地区的死亡率则高达四分之一。当然这并不意味着享受珍馐美味的人就不生病，他们有时也会生病就医，但医生会将他们归为"易康复人群"：良好的营养让他们自身的体质得到加强，康复也就有了更多保障，从而抵抗疾病的能力大大提高。

历史也进一步支持生理学的这条论断：每当有紧急状况，如战争、围城、天灾发生时，食物供应就会短缺，后果是民不聊生、瘟疫蔓延，人口死亡率就大大增加。巴黎人都记得拉法日保险计划，该计划的倡导者如果按维勒迈医生的数据进行计算的话，肯定早就大功告成了。

相反，他们计算死亡率所依据的是布封和帕修以及其他人的数据，这些数据是从各阶层、各年龄段的全部人口中抽样获得的。而那些为自己的未来投资的人都已经熬过了危险的儿童期，并习惯了健康节制的饮食，因此死亡率并未达到他们预想的水平，他们的这次投机活动宣告失败。当然也有其他原因，但唯有此才是本质和必然的原因。

最后一个例子是帕德苏教授提供的，巴黎大主教迪贝卢瓦先生活到将近百岁，而且食欲很好。他酷爱美食，我不止一次注意到：在看见某些饭菜时，他那张严肃的脸会突然泛出奕奕的神采。值得一提的是，拿破仑不管在什么场合对他都充满尊重。

美食测验

导言

上一章提到有些人附庸风雅，混迹在真正的美食家中间，这些人有一个共同特征，那就是即使面对美味佳肴，他们也只会目光呆滞、不为所动。他们其实不配品尝这些珍馐，因为他们压根不晓得美味真正的价值所在；一旦获知他们的真实情况，还是很让我们深感震惊。

相应地，为了解他们的真实情况，我们设计了一些方法来判断某些人的品行高下。怀着必胜的信心，我们全身心、持之以恒地投入调查。在此，我们把调查结果奉献给大家，希望那些喜欢呼朋唤友，大快朵颐的兄弟们能从这次美食测验中有所收获，从而使之成为人类 19 世纪的骄傲。

我们这里所说的美食测验指的是给出大家公认的、能引起正常人食欲的饭菜，对那些面对美食无动于衷的人来说，他们不配享受美食家的殊荣，自然也无法享受随之而来的乐趣。经最高委员会反复权衡和认真检验，测验方法用拉丁语镌刻在黄金书上，译文如下："当一道久负盛名的菜肴端上桌时，请仔细观察食客的面部表情。凡面无喜色者均可认定为不合格。"测验是有条件的，必须与测验对象的先天禀赋及后天习惯相匹配，具体情况具体分析，每次测验都需精心设计，测验的结果往往令人称羡或者出人意料。这是一种测力计，显示出社会地位越高需要的力量也越大。因此，假使用为科克纳街上的穷人设计的测验来测试一位富裕店主，就无法得到令人满意的答案；而如果用来测验金融家、部长这样的社会精英，结论则根本不可用。

　　为维护测验的严谨，我们选菜时注意以下要求：从最低做起，逐步提高饭菜的标准，并分别阐述相应的理论。这样一来，读者不仅可以将理论活学活用，还能运用相同的原则创造出自己的测试饭菜，并将其用到自己所在的生活阶层中。

　　我们原想在理论阐述后附一些测验实例，但最终决定不放。这方面的书籍已经出版了不少，最著名的当数布维耶刚刚付梓的《厨中之厨》一书。因此，我们只是在这里向读者推荐了这些书目。除上面提及的书籍，值得一提的还有维亚尔以及阿佩尔的著作，尤其在阿佩尔的书中有不少科学真知，这在当时的著作中算是凤毛麟角。

　　遗憾的是，我们现在无法给读者提供最高委员会就测验问题举行的秘密会议的纪要。会议的内容需要保密，但我有权披露其中的一个细节。

有一位委员①提议采用消极测验法，也就是用匮乏短缺来测验。比如说，可以通过一次事故毁掉某种美食，如人为地耽搁某种野味的邮寄；也可以通过实际观察食客在得到这一不幸消息后，脸上所展露出的痛苦表情。由此便可以得出客人对美食的敏感程度，通常这种方法得出的结论是可靠的。

这一提议乍听起来颇有诱惑力，却经不起深入推敲。会议主席一针见血地指出，此种情形对那些不合格者也许影响不大，但会对那些真正的美食家伤害很大，甚至会带来致命的伤害。因此，尽管该提议者一再坚持，最终还是被集体否决了。

下面我们列举一些适于美食测验的菜名，并按从低到高的顺序和上文所述的方法，将其归划为三个系列。

第一系列

假定收入人群：200 英镑（温饱型）

一块精选小牛肉，用咸肉涂抹，借助自身的油脂烹制；

一只农场火鸡，填料为里昂产的栗子；

笼养肥鸽，涂油并精心烹制；

打成泡沫状的蛋白；

一盘泡菜配以香肠，顶以斯特拉斯堡熏肉。

表情："哈，看起来很好吃呀，快吃吧，这才对得起它们呢。"

第二系列

假定收入人群：600 英镑（小康型）

---

① 费里斯·西比埃先生具有古典的外表、高雅的品位兼具管理才能，这些素质使他成为一个出色的金融家。——原注

一块玫瑰心形牛排，涂油后烹制；

一块鹿的后臀肉配黄瓜酱；

一条煮过的鲱鱼；

一块普罗旺斯精制羊腿肉；

一只松露火鸡；

嫩豌豆。

表情："朋友，这真是一道风景！这真是宴中之精华！"

第三系列

假定收入人群：1200 英镑及以上（富裕型）

一只七磅的家禽，用佩利戈尔松露做填料使之成球形；

足量斯特拉斯堡肥肝酱，摆成堡垒形状；

一条莱茵河大鲤鱼；

填满松露的鹌鹑，配奶油吐司，百里香奶油；

奶油虾酱腌制的烤狗鱼；

吊炉烤野鸡配吐司；

一百根初生嫩芦笋，每五六根为一组，配肉酱；

两打普罗旺斯式雪鹀鸟，如《秘书与厨师》一书中所述。

表情："啊，先生，您的厨师真是个可敬的人！我在别处从来没见过这么好的东西！"

要想使测验准确，一定要保证有足够的菜肴。根据我们的经验以及对人性的了解，不管菜肴多么美味，数量过少都会失去吸引力。太少的饭菜会让被测试者怀疑主人是否舍得，或者主人是否是在用这种方式提醒他应礼貌地拒绝。

被人误以为是吝啬鬼是件十分尴尬的事。我曾根据美食测验的效果对测验进行了多次改进。有一次，我应邀出席一个由四流美食家举办的晚宴，其中只有我和我的朋友 R 先生两人是外来客人。头盘相当不错，紧接着上来的是烤小公鸡①和用斯特拉斯堡肥肝酱砌成的直布罗陀山岩。

这道菜立刻引起众人的骚动，我想可能用从库帕那里借来的"窃喜"一词最能表现其本质，我对自己的观察力还是十分有把握的。果然，如我所想，人们立刻停止了交谈，每个人都已经迫不及待了；侍者娴熟的动作吸引住了大家的眼睛，当侍者把菜切好，装盘分给大家时，我看到每张脸上都洋溢着希望的光、幸福的狂喜和心满意足。

_____

① 权威人士告诉我一岁以下的小公鸡的肉与阉鸡相比即便不是更嫩也是更香。我工作很忙，无法将这些观点一一加以验证，只好留给读者自己验证了。不过我认为我们不妨假定这些观点是正确的，因为好吃的东西人们总是吃一个想两个。一位睿智的女士曾对我说她能通过别人说"好"字的发音来辨别出谁是美食家。她说这个单音节词蕴藏着诚实、体贴、热情等情感，它绝非一个品位低下的人能说得出来的。——原注

论宴席之乐

导言

作为万物灵长，人类感受到的痛苦肯定比地球上其他生物所感受到的要多。

造物主很早就判定人类要受苦，让他一出生就皮肤赤裸无法御寒，让他的双脚不适于赤足行走，让他拥有战争和破坏的本能。而这些本能为古今中外的人类所共有。而其他动物们却未遭到这个诅咒，除有些物种因繁衍后代之需引起的争斗外，根本不知道痛苦是什么。而人类的快乐往往转瞬即逝，而且只被少数几个器官所感知。与此相反，身体的各个器官却每时每刻都在忍受难耐的痛苦。

疾病是命运对不良生活习惯的惩罚，就连最热烈、最欢乐的快感，在强度和时间上都无法补偿由诸如痛风、牙痛、风湿、排尿疼痛等，以及在某些地方保留的野蛮酷刑给人们带来的痛苦。正是出于对痛苦的恐惧让人们去追求极致的欢乐，人类能够得到的快乐是如此有限，因此总是倾心投入可以获得的种种乐趣。

出于相同的原因，人们也会设法增加欢乐的类型，对其不断改进提高。在多宗教年代，所有的快乐几百年来都被赋予了一定的神性，被认为是分别由某些天神掌管的。

严苛的新宗教迫使那些天神销声匿迹，无论是酒神巴克斯、戴安娜女神、爱神，还是宴饮之神，如今只能栖居于诗人的笔下。尽管如此，他们的神话和欢宴却保留下来，不仅见于婚礼、洗礼，甚至葬礼。

宴席之乐的起源

饭菜的产生使人类摆脱了单纯依赖水果为生的时代，从此走进了新的历史时期。将肉涂抹酱料后分而食之的过程成为家庭团聚的纽带；孩子小时，父亲将自己的猎物分给孩子们；孩子们长大后也会孝敬年迈的父母。

这种聚会最初仅限近亲之间，后来逐步将朋友与邻居也包括进来了。

后来随着人类迁徙到世界各地，疲倦的旅行者可能会与土著居民一起吃饭，并给他们讲述远方的见闻，这样就产生了热情好客以及各民族都很重视的礼仪。即便是最原始的部落也会尊重那些只吃了自己的面包和盐的客人。

饭菜推动了语言的产生，至少对语言的发展起到了积极作用，美味为人们聚会创造了理由，进餐及餐后的轻松气氛也练就了人们的自信与口才。

宴席之乐与果腹之乐

上文分析了宴席之乐的起源；而宴席之乐与其前身果腹之乐必须仔细加以区分。果腹之乐是身体对食物的需求被满足后的直接而真实的感受；宴席之乐则是对与食物相关的事实、地点、物品、人等各种环境的综合感觉。

果腹之乐对人和动物同样适用，仅仅是一个饥饿和满足饥饿的过程。宴席之乐则是人类所独有的感觉，精心准备的饭菜、仔细挑选的场地、邀请的客人等都会对其产生影响。

果腹之乐的产生需要饥饿感，是以食欲为前提的，而宴席之乐则往往两者都不需要。任何宴席上，我们都可能同时体会到宴席之乐与果腹之乐。聚餐开始后吃第一道菜时，无论身处怎样的阶层，客人们都会专心品尝烹饪艺术的杰作，顾不上说话或倾听别人讲话。但当人们实实在在的饥饿感得到满足后，头脑开始变得活跃，慢慢聊起天来。这时的情况与刚吃饭时已经有了很大的变化。刚开始时，人们只不过是食品的消费者，而现在则已经在宴席里展示自己的独特魅力了。

宴饮之功效

宴席之乐既不包括欣喜若狂也不包括忘乎所以，甚至不能传递祝福。宴席之乐是一种舒缓悠长的审美享受，它比任何事都能带给人们快乐。一句话，如果在席间得以尽兴，即便宴席结束，也会带给人们心灵的慰藉和身心的享受。

它对人身体的影响向大脑注入了新的活力，展平由操劳而形成的皱纹，面色也变得红润了，眼神都变得熠熠发亮，手脚也变得灵活起来；它对人精神上的影响：提高智力水平，激发想象力。使人兴高采烈，交谈生动活泼。如果拉法尔与圣奥莱尔被后人评价为智慧型作家的话，那主要应归功于流连于宴饮之乐的功效。

同时，同桌共餐有时还会给人际关系带来一些变化，如恋爱、友谊、商机、投机、影响力、鼓动力、赞助、野心、阴谋等。可以说宴饮社交与上述所有这些极端变化的事例都是紧密相关的，也解释了宴席之乐的影响涉及生活的方方面面，影响力也是千差万别。

工业附加值

人们为了延续宴席之乐，几乎使出了浑身解数。

诗人们抱怨脖子太短使品尝的快感受限，有些人则因为眼大肚子小而抱憾。曾几何时，人们宁愿牺牲一顿饭来增加饥饿，以求增加进食的欢快。

最后一招是人们为了提高味觉享受所做的最大努力。但当人们发现无法超越自然规律，味觉的快感总是受到限制时，就开始退而求其次，转而追求味觉快感之外的事物，以求博闻长见。

鲜花遍插，花冠满戴，在花园的苍穹或绿意盎然的山谷宴饮，与自然融为一体。音乐及乐器也为宴席之乐增光添趣。当年腓尼基国王宴请客人，歌手菲尼乌斯给在座者吟唱古代武士的英雄事迹。同样，舞者、哑剧、杂耍，尽管男女艺人穿着各式衣服，深深抓住了食客们的眼睛，但却不影响他们的味觉享受；空气中散发着淡淡的香气，不时有脱去面纱的美女给客人倒酒，如此一来所有的感官都得到了无限满足。

我本可以长篇累牍地来论证我的观点，希腊与罗马的作品以及法国古代的文献中都有很多可以为我所用。不过这些作品大多已被专家学者介绍过了，本人学识浅薄不敢班门弄斧。因此，我还是陈述已经论证过的事实。我这个通常的做法得到了读者的认可。

18 世纪与 19 世纪

环境的变化，人类通过不同的方式寻找乐趣。同时，人们也在不停地探求全新的娱乐方式。

传统美食如此美妙，我们很容易过量食用。不过改良后的新型美味则无须担心，经过改造，新型菜肴不但可口，而且花样翻新，所含的油脂又很少，不仅不会使肠胃受累，也能很好地满足口腹之欲。用古罗马塞内加的名言就是"万物皆可食"。

营养美食确实让人流连忘返，要不是因为还需要工作和睡眠，宴席会无限期地延续下去，没有谁会在意从第一口马德拉酒下肚到品尝了最后一杯潘趣酒，到底花了多长时间。

当然，这些附加值并非不可或缺。要想充分享受宴席之乐只需同时具备以下四个条件：佳肴、好酒、挚友以及充足的时光。

我常常在想：要是我能有幸参加贺拉斯为邻居摆的便宴该有多好，或者即便是那个因恶劣天气碰巧来到他家做客的人也好。餐桌摆着一只肥鸡、一只嫩羊和葡萄干、无花果、坚果等甜点，一边吃着美食，一边品着曼利乌斯葡萄酒，同时还有最亲切的诗人与我闲聊，这简直就是无与伦比的美妙享受：

久别老友来造访，

雨天邻居突登门；

城里买鱼成奢望，

手把羊鸡吃不停，

饭后甜点葡萄香。

今天和明天如果没有什么其他琐事，不妨约上三两好友一起品尝煮羊腿和彭图瓦斯腰子，配点儿奥尔良葡萄酒和寡淡的梅多克葡萄酒，然后毫不拘束地交谈。若能如此，人们一定会全然忘却世上还有更美味的珍馐和厨艺大师的存在。

即使饭菜不可能总是最美味的，但其配套环节却必须精益求精。酒水质量欠佳、仓促而至的客人以及席间阴郁的表情，只为果腹的话，则毫无宴席间之乐可言。

轶事一则

说到这里，有些心急的读者可能会问在1825年到底怎么才能享受宴席之乐的极致呢？下面我就来回答这个问题，亲爱的读者洗耳恭听吧，受美食女神的启示，我的话将会永世流传：

客人不能少于十二人，这样谈话才能连贯，不冷场；

客人从事各不相同的行业，但口味相似，相聚时可免去令人厌恶的礼仪和俗套；

餐厅要有良好的照明，桌布应该洁白无瑕，室温应保持在华氏六十至六十八度之间；

男客人应睿智而不虚饰，女人应妩媚而不轻浮；[1]

饭菜数量不宜过多，但品质要上乘，每种葡萄酒都要品质俱佳；

菜品要先上浓重的后上清淡的，葡萄酒要先上清香的后上浓香的；

上菜的速度要慢，晚餐是一天中最后一项工作，尽量让客人用餐时就像旅途即将结束那样轻松；

咖啡应该是滚烫的，酒水应由行家来挑选；

客厅面积应足够大，应能让好打牌的客人玩牌；还要为喜欢聊天的客人留下足够的空间；

客人应该充满魅力、彼此喜欢，令其坚信晚宴会给他们带来更多的享受；

茶不宜太浓，吐司上的奶油涂得很精心，潘趣酒中各种成分的比

---

① 我在巴黎写作此书，当时住在皇宫与安坦大街之间。——原注

118

例要恰到好处；

11 点以前不要散席，但应在午夜保证每个人上床就寝。

达到了上述要求的宴席都可堪称典范，如果其中有几项达不到的话，宴席之乐就会相应有所折扣。我曾说过宴席之乐必须有充足的时间。我将详述本人参加过的一次最长宴席的经历，以答谢读者的厚爱。

巴克大街南端住着一户家人：七十八岁的医生、七十六岁的上尉以及他们七十四岁的妹妹珍妮特，他们是我的亲戚。每次我去看望他们，都会受到热情的接待。

一天，迪布瓦医生踮起脚尖冲我的肩头来了一拳，冲我说："嗨！你整天夸口你做的奶酪烧鸡蛋，害得我们一想起来就流口水，我们可不想再等了！这两天就要去吃你做的早餐，上尉和我想知道它究竟味道如何。"（这事发生在1801年，记忆中他就是这样开玩笑地向我叫板。）

我回答："非常乐意，我会亲自动手制作。您的提议令我倍感荣幸。明天上午 10 点见，不见不散，准时开席。"[①]

第二天，我的两位客人如约而至，他们的脸刮得干干净净，头发梳理得非常仔细，还抹了香粉。两个小老头精神矍铄、腰板笔直。

看到已经准备好的白桌布、三个座位前摆放的牡蛎和柠檬，他们不由得喜笑颜开。每个人面前的牡蛎都有两打之多，中间放一个金黄光亮的大柠檬。在餐桌两端放着两大瓶苏玳白葡萄酒，除了瓶塞外其他地方被擦得干干净净，而瓶塞则向客人们表明了它历经了多少岁月。

在那个年代里，每天人们早餐要消耗数以千计的牡蛎！想当年，他们经常与修士们出去吃牡蛎，一顿至少吃掉十二打；此外他们也与骑士们吃牡蛎，骑士们永远喜欢吃牡蛎。我不由得要像哲学家那样感叹：即使时间能改朝换代，它却很难改变吃牡蛎的这样一个小小习惯！

① 此类约会第一道菜要准时上桌，所有迟到者会被认为是逃兵。——原注

119

在品尝过这些鲜美的牡蛎之后，接下来上的是烤腰子和一坛松露肥肝酱，然后就上了我的奶酪烤鸡蛋。将所有配料备齐后放入火锅，然后将火锅架在桌上的酒精炉上。我亲自动手为他们制作，两个表亲目不转睛地看着我的每个动作。

这道菜把他们完全征服了，他们坚持向我索要配方，我只好答应。与此同时，我给他们讲了两个相关的逸事，或许读者能在别的地方看到。吃完这道菜后就上了鲜水果和果脯，以及一杯纯正的迪贝卢瓦式的摩卡咖啡（此种咖啡刚刚为人所知），最后上了两种不同的饮料：排毒酒和去火油。

吃完早餐，我提议做些活动，于是带他们在我的房里转了转。房子虽然谈不上高雅，但却宽敞舒适，屋顶的镀金装饰年代可追溯至路易十四时期，对我的客人来说绝对是个不错的环境。

他们还参观了我表妹雷卡米埃夫人半身像的黏土原件以及她的小塑像，其中半身像是希纳创作的，而小塑像是奥古斯坦的作品。他俩都被塑像深深地吸引住了，医生简直就要把他的嘴唇贴到塑像上，而上尉更加轻慢，我不得不出面制止他们，如果欣赏者都像他们那样的话，那尊半身像丰满的胸部就会遭受与罗马圣彼得像一样的命运。信徒的亲吻已使圣彼得像的脚趾破坏严重。

我还给他们展示了一些古代雕像的仿制品，还有一些绘画，以及我收藏的枪械、乐器、法国和其他国家作者的作品。在这次让他们长见识的参观中，也没有忘记去我的厨房看看。他们在厨房里见到了我的节能汤锅、荷兰烤箱、旋转烤肉叉、蒸气锅等。他们仔仔细细地将这些厨具研究了一遍，赞不绝口，要知道他们的厨房从摄政王时期就一直没有什么改变。

等我们回到客厅的时候，墙上的大钟敲了两声。医生说："糟糕，午饭时间到。珍妮特妹妹该等急了吧！我们得立刻赶回家。我一点儿也不饿，不过我想喝汤，这是我的一个习惯。如果有一天不喝汤，我就会想起罗马皇帝提图斯①的话：一天的日子又白过了。"

我回答："亲爱的医生，为何舍近求远呢？我派人告诉你妹妹，就说你们陪我共进晚餐了。不过得提前讲好，仓促准备的晚宴肯定有不周之处，还请二位多多包涵。"

听到我的话，两兄弟想了想正式接受了我的邀请。我立即派人去圣日耳曼大街找一位烹饪师，让他照我的吩咐去准备。果然没多久，他就从自家和附近饭店里准备了原材料，为我们烹制出了一桌精美可口的小型宴席。

当我看到这两位客人迫不及待地就座，围好餐巾，准备大吃一场的样子，心里别提多高兴了。有两样东西让他们惊奇，我本以为这对他们不算什么呢：一个是帕尔玛干酪汤，另一个是随后上的马德拉干葡萄酒。这两种东西都是由有"最伟大外交家"之称的塔里兰亲王从国外进口的。我们实在要感谢他的英明睿智以及他为国家利益尽职尽责的精神。

宴席大获成功，不论是饭菜本身还是席间的环境和气氛都令人十分满意。从我亲戚快乐的神情中就能清楚地看出他们从中获得的享受。晚宴后，我提议玩皮克牌游戏。上尉说他更喜欢意大利的法尼恩特牌戏，于是我们把椅子往火炉方向拉了拉，开始打牌。

虽然游戏本身也很有意思，但我总觉着缺点儿使谈话放松的东西。我想让这两位朋友能说话更加随意些，于是我建议他们喝点儿茶。

对于老派法国人来说，茶还是个新鲜玩意，不过他俩还是同意一试。茶端上来之后，他们每人都喝下了好几杯，在这之前他们把茶仅仅当作一种药物来看待。

---

① 提图斯（公元39—81），古罗马皇帝。

以往的经验表明：屈服一次，就会有下一次屈服；人一旦选择了接受，就会忘记如何回绝。因此当我力劝他们再来碗潘趣酒时，医生说："你干脆杀了我们吧！"上尉说："你是想灌醉我俩吧！"

我的回应是立即叫人端上糖、柠檬以及朗姆酒。我在潘趣酒中混入这些配料，与此同时烤面包也上来了，面包的奶油涂抹得很精美，味道不错。

这一回我终于遭到了反对，他们说已经饱了，吃不下烤面包了。因为我深知这些小吃的魅力，所以回答说，我还怕这不够吃呢。事实也确是如此，没一会儿上尉就把烤面包吃了个精光。当发现他还想吃烤面包时，我立即命人再多做一些。

时间过得很快，不一会儿我钟表的指针已经过了八点了。客人说："我们必须赶紧回了，至少也应该跟可怜的妹妹吃上一盘沙拉呀！她一整天也没见到我们哥俩啦！"这次我没再挽留，我将这两位老人礼貌地送到门外，看他们坐上马车，目送他们远去。

有人可能会问，在一起坐这么长时间，难道就一会儿也没有感到乏味吗？确实没有一时一刻的乏味。我的客人从始至终一直兴致很高，品尝奶酪烧鸡蛋，参观我的房子，晚宴中的新奇菜肴、茶还有潘趣酒都是他们从未品尝过的。

另外，医生对巴黎人的人情世故、家长里短颇有研究；而上尉大半生是在意大利度过的，他从过军，也当过驻帕尔玛宫廷的特使。我本人去过的地方也很多，我们的交谈天马行空，十分尽兴，正是这些条件让我们感到快乐的时光转瞬即逝。

第二天上午我收到医生的一封信，说前一天的放纵作乐并没有带来什么不适；相反，经过一夜充分的休息，起床后他感到无比清爽，他说真想再来一次同样的享受。

论猎宴

导言

俗话说，人生在世，吃穿二字。我敢说再也没有什么比打猎午餐更令人难忘的了，各种幕间表演都无法持续这么长时间且始终令人感到津津有味。

连续几个小时的狩猎，就连最强壮的猎人都会感到疲劳。晨风拂过猎手的脸，整整一上午他都尽情展示自己的狩猎技巧；正午的太阳当头照耀，猎手打算休息个把钟头，这倒不是因为已经精疲力竭，而是疲劳时就想休息是人类的本能。

找一个树荫乘凉是个不错的选择，柔软的青草向他招手，不远处泪泪流淌的清泉，提示着他去冰镇一瓶让人恢复精力的葡萄酒 [1]。

接下来，他满心欢喜地从背包中拿出包好的冷鸡肉和炸肉卷，往里面塞进一些楔状的格鲁耶尔或罗克福尔干酪后，开始享受他的午餐了。

在准备这些饭食时他并不觉得孤单，因为身边守候着天生忠于主人的朋友。猎狗侧卧着，用热切的眼光看着主人，打猎工作把他与它紧密联系在一起了。他俩是好伙伴，猎狗很喜欢与主人共享午餐。猎狗的食欲大得出奇，食量大得就连大胃王也无法想象。

最后，美味的午餐结束了，人与狗各得其所。一切都是那么和谐宁静，令人心旷神怡。现在正值晌午时分，万物皆需休息，何不小憩一会儿呢？

如果有几个好友在身边那乐趣就会倍增，因为大家把各自的军用饭盒装过来的饭菜凑在一起就会成为一桌丰盛的宴席。人们在一起探讨打猎的经验得失，共同想象下午的辉煌战果，那是多么惬意呀！

这时，如果有仆人扛着酒赶过来，大家喝上冰凉的马德拉葡萄酒、草莓或者菠萝汁，或者可口的饮料、神奇的调制酒，兴奋的暖流沿着血管在周身流淌，那种美妙舒爽的快感怎是俗人能体会得到的？ [2]

即便如此，这种快乐享受还远未结束。

---

[1] 我向一位同行者推荐白葡萄酒，因为它在运动后浑身发热时也能饮用，可以使人感到浑身舒适而兴奋。——原注

[2] 我的朋友亚历山大·德勒赛率先使用此法。当时我们正在维勒诺打猎，头顶烈日，就连树荫里都超过了32℃。他久居热带经验丰富，很有远见地带着一个男仆为我们扛来装满冰镇饮料的皮桶。我们从桶里选取自己爱喝的饮料，感觉焕然一新。口干舌燥时能够喝上一杯冷饮，饮料滑过舌尖进入喉咙，那种感觉真是爽极了。——原注

女士们

有好几次我们各自邀请自己的妻子、姐妹、表姐妹还有其他女友参加我们的消遣活动。

在约好的时间，一辆辆轻便马车飞驰而来。车上坐着头戴鲜花和美丽羽毛的漂亮女子，一路欢声笑语，这些女子的装束既有军人之风又有妩媚之色，本教授也不由自主地端详起来。

车门一开精彩就此展开：佩利戈尔干酪、斯特拉斯堡的美食、从阿沙尔的店里买的可口糖果，还有各式新奇的美味小吃。

香槟酒的魅力也不容小觑，它们在纤纤玉手中欢快地冒着泡泡。众人在柔软的草地上或坐或躺，酒瓶塞子飞向空中。在这以天地为餐厅，以阳光为照明的宴席上，人们说说笑笑享受着在大自然中无拘无束的欢乐。这时人们的食欲是大自然赐予的，无论多豪华的室内餐厅都无法与之相提并论。

天下没有不散的宴席。主持人发出结束午餐的指令，男士们拿起猎枪，女士们拿起帽子。互致告别后，美人们坐上马车便消失在视野以外，只有等到晚上才能与她们的爱人相见了。

上述场景我在帕克托罗斯水域旁的上层社会中见过，但还说不上奢华排场。

我也曾在法国中部以及几个边远地区狩猎过，见到美貌的女士和青春灿烂的少女兴致勃勃地登上乡间马车甚至是简单的驴车赴约。她们开玩笑地抱怨交通工具的不便，随后涂过果酱的火鸡肉铺摆在草地上，还有自制的馅饼，还用备好的配料现场调拌出一道沙拉。我也见过她们赤着脚、围着篝火翩翩起舞，我也参加过她们吉卜赛式野餐之后的游戏和嬉闹。因此我知道虽然没有豪华和奢侈，但她们的欢快、魅力、喜悦却毫不逊色。

分别的时刻到来时，何不互相亲吻一下呢？先吻一下今天志得意满的狩猎冠军，再亲一口今天运气最衰的倒霉蛋，为避免妒忌还要与其余的人一一吻别。依据当地人分手的风俗，我们也都有了入乡随俗赢得友谊的权利。

手持猎枪的兄弟们，你们一定要在女士们到来之前多打些猎物，因为经验证明，女士们离开后一般是再也打不到猎物的。

为解释这一奇特的现象，人们给出了多种猜测。有人说这是由于消化食物令人疲倦，这种观点主要考虑了身体方面的因素；也有人说这是由于难以控制的胡思乱想导致精力不集中；还有人认为这是由于女士的娇柔细语使男人归心似箭、无心打猎。

至于猎人自身，我们将审视内心的最深处。我们相信猎手们都是"易燃物"，而女人们正值花样年华，因此异性相吸碰撞出生命的火花不可能不冒犯掌管人间狩猎的月亮女神黛安娜，于是在这后半天里女神便不再保佑那些唐突的冒犯者了。

之所以说"后半天"，是根据恩底弥翁的传说故事，月亮女神在天黑以后就变得严厉异常了（参看吉罗代的绘画）。

我们本章简述了猎宴之乐的一些趣闻，这一话题完全可以写出一篇既有趣又有意义的华丽篇章，列位读者如有兴趣不妨一试。

论消化

导言

有一句古谚语说：食而不化，生不如死。人类必须消化才能生存，不管是穷人还是富人，是牧羊人还是国王，在这铁定的规律面前一律平等。

但真正了解消化是怎么回事的人少之又少，几乎所有人都像方丹那样写关于消化的散文但并不真正地了解。为此，我准备用简单的术语对消化过程进行描述，我相信，当方丹先生听到哲学家指出他的作品只不过是篇散文时，他肯定最高兴了。

吸收

食欲、口渴、饥饿都是身体需要摄入新能量的信号，如果我们无视或违背这些信号，疼痛便会第一时间找上门来折磨我们了。

进食是从食物进入口腔开始到食物进入食道为止，此过程又叫摄食。[①]这一过程中虽然食物只运动了几英寸的距离，但却发生了许多的变化与反应。

首先，固态的食物被牙齿切碎，口腔里的各种腺体分泌液将食物打湿，舌头将食物抵在上腭处捣碎、挤压，使食物的香味、汁液流出。然后又将食物在口腔中部压成小团，借着下颚的力量，舌头抬高使食物沿着舌头的斜面滑入咽腔，然后再由咽部将食物挤入食道，食物随食道的蠕动进入胃里。

第一口饭的处理过程就是这样，第二口饭的处理方式完全相同。两口饭中间喝的饮料也走的是同一条路线。这种吞咽过程一直持续到摄食本能警告我们应停止进食时才会结束。但第一次发出警告时人们会很少理会它，因为不渴而喝是人类特有的优势，而且厨师的手艺会让并不饿的人也想品尝一下。

每口饭在顺利进入胃里之前都要过两道关，它们究竟如何过关是一个值得我们高度重视的话题。第一关是防止饭菜在走到鼻腔后端时被堵住，幸运的是上腭后端的下垂走向与咽部的特殊结构成功地克服了这一道难题；第二关是必须防止饭菜在途经气管时被吸入。这一危险更为严重，因为任何外物进入气管都会引起剧烈咳嗽，直到异物被人体咳出为止。

在吞咽过程中声门会进行收缩，因为声门上还有会厌的保护，所

---

① 食道位于气管的后方，它起于咽部向下通到胃部，它的上端叫咽喉。——原注

以人在吞咽食物时，会本能地屏住呼吸。虽然整个口腔的构造有些怪，但食物还是能比较轻松地进入到人体胃部。一旦进入胃里，消化系统的活动就不受人的主观意识支配了，食物的消化阶段就正式开始了。

胃的功能

消化是一个纯粹的机械过程。消化器官可以被比作一架安装了过滤器的磨，留下的是食物中的营养成分，同时过滤掉不能被人体吸收的废物。

长期以来，人们一直激烈争论食物在胃里是通过发酵后再消化，还是经由胃酸的化学反应，抑或通过微生物分解的方式消化的呢？真实的情况是上述几种方式都或多或少参与胃的消化过程，人们的错误在于试图把由众多因素归因于某种单一的过程。

食物先是在口腔和食道里被唾液浸润，然后进入胃里进一步被大量胃液浸泡，继而就要经受一连几小时华氏一百多度的高温发酵。胃脏器官的运动加速了食物的筛选与混合，这两种消化方式同时进行。在此过程中，发酵肯定也发挥了作用，因为几乎所有食物都是可发酵的。

在这些过程中，胃里的食物所形成的乳糜状物质经过胃黏膜吸收部分营养成分后，通过幽门进入肠道。最后胃里的食物就这样一点儿一点儿地排空了，正像胃里的食物是通过嘴巴一口一口地填满一样。

幽门是连接胃肠的一个管道，其特殊构造使食物很难从肠里返回胃里。这个重要的通道很容易阻塞，长时间阻塞引起的剧痛往往致命。在幽门出口处接收食物的肠道叫十二指肠，其长度约十二指，故而得名。食物糜进入十二指肠后就进入了一个新阶段，在这里混入胆汁、胰液，颜色也从先前的灰白变成黄色并开始具有粪臭味，越往直肠方向这种臭味就越强烈。食物糜中的各种成分之间相互作用，使食物糜的形态继续发生变化。与此同时，食物营养成分的分解也会产生一些气体。

使食物糜从胃里排出的本能力量继续发挥作用将它排入小肠。在小肠中食物糜被相关器官分解吸收，运至肝脏溶入血液，以补充血液中由于脏器吸收以及呼吸蒸腾作用导致的营养成分损耗。食物糜最开始是一种白色无强烈气味的物质，而到最后经提取养分后排泄出来的却是具有强烈臭味的暗色固态物，这一过程很难解释。但从食物糜中吸收养分却是消化过程所确定的，当提取的养分进入循环后，人立即就会感觉到体力的增加，这是血液的养分得到补充的直接证据。

消化液态食物比消化固态食物要简单得多，用几句话就可以解释清楚。液体食物中的固态部分与食物糜的消化吸收过程相同，纯液体部分被胃吸收后进入血液循环，经过肾的过滤和浓缩后形成尿液，然后尿液经输尿管排入膀胱。[①]

膀胱括约肌可以让膀胱存留一定的尿液，但随着尿量的增多逐渐加大了对膀胱的刺激，就会让人体产生排尿的欲望。紧接着，膀胱自觉收缩将尿液排出体外，尿液排出的通道大家心知肚明，不过从来不直呼其名。

消化过程的时间长短不一，与个体的情况有关，但平均时间大约为七小时，其中三个小时在胃里，剩下的在通往直肠的途中。

上述的解释来自最权威的专家，当然我对原注中枯燥的解剖学知识以及抽象的科学论述进行了必要的删减。读者们运用这些知识可以判断最后一顿饭现在运行到什么位置。简而言之，前三个小时食物在胃里，随后从胃里排入肠中，七八个小时后，来到直肠等待排出体外。

---

① 输尿管有左右两个，其粗细相当于一只羽毛笔，连接肾与膀胱。——原注

消化的影响

在所有人体活动中，消化对人的精神状态影响最大，无疑这是一个谁都应该认可的论断。心理学基本原理表明所有外界事物须经相应的人体器官为媒介处理后，才会在大脑中产生印象；假如这些感官状况不佳、虚弱、感染时，就必然影响人的感知能力，进而影响人类的智力活动。

我们平时消化过程的情况，尤其是胃肠消化状况会使我们处于高兴或悲伤的状态。我们可能喜欢安静，也可能爱说话；可能性格孤僻，也可能忧郁悲伤，但我们也许不知道这是消化活动的影响，当然更没有办法摆脱这种影响了。

文明世界的人类都可以分为三类：正常排便者、便秘者和腹泻者。不难发现，上述每一类人内部不仅具有相似的天性、相同的爱好，而且在完成人生使命方面也有极强的相似性。

为了把我的意思讲得更清楚，我想从文学领域寻找一个例子。我相信绝大多数作家在作品的内容与形式方面都明显受他们肠胃的影响。根据我的理论，喜剧诗人属于排便正常者，悲剧诗人属于便秘者，而田园牧歌及挽歌诗人属于腹泻者。而且可以说最悲伤的诗人与最乐观的诗人之间的差别只在于其消化水平的不同而已。

话说路易十四执政时期，法国正遭受萨伏瓦亲王尤金之乱的灾难，宫廷中的一位大臣发出了下面的一句感慨："如果能让他（亲王）腹泻上一周，我担保他会变成全欧洲最大的懦夫。"一位英国将军回应："那就赶紧行动，趁他肚子里的牛肉还没消化，赶快派人下手。"

年轻人的身体在食物消化的过程中会伴随轻微的颤抖，老年人则会有较强烈的睡意。究其原因，年轻人身体内各种化学反应较快，需要从体表获得一部分热量；而老年人年老体衰，身体内的能量不足以同时支持消化和保持头脑清醒。

在食物进行消化的起始阶段，进行脑力劳动很危险，进行激烈的肌肉运动则更有害。巴黎每年都会有数以百计的人因吃得太好但又不注意休息而导致死亡的案例，这一状况对那些掉以轻心的年轻人也是一个警示：成年人是在一天天变老，即使不到五十岁，他们也会面临很大的健康风险。

有些人在饭后消化过程中会变得脾气暴躁，这段时间里最好不要和他们探讨什么规划或请求帮忙。其中最典型的例子当属奥热罗元帅了，在用餐后的一小时里，他会变得六亲不认，见人就想杀。

我曾经听他说过，军队里司令官可以随意下令枪毙的有两个人，一个是参谋长，另一个是值班军官。说这话的时候，这俩人都在场。舍兰参谋长很机灵地回应了他的话，而值班军官则一句话都没讲，不过看得出来他脑袋里想的事一点儿也不少。

我当时也在元帅手下，经常安排我与元帅同桌进餐。不过我很少坐在那桌上，因为我害怕他时不时地大发雷霆，说白了就是怕一句话不慎，就会被他送入牢房。

我后来经常在巴黎遇到他。有一次，元帅客套地说为不能和我常见面而感到遗憾，我则说出了上述隐情。说罢我俩放声大笑，不过他也坦言我的顾虑不无道理。

军队当时驻扎在奥芬堡，大家纷纷抱怨伙食太差，既没鱼也没肉。这个抱怨并非无理取闹，按道理失败者要为获胜者提供美酒佳肴。我当天就给这片森林的林场主写了一封措辞礼貌的信，向他指出了伙食的不足及改进的建议。

林场主是一个身材高大、皮肤黝黑的干瘦老头。很显然他不喜欢我们，很可能是担心我们会在他的林地上逗留太久，所以给我们提供尽可能差的膳食。故而他的回信闪烁其词,想方设法婉拒我们的要求,比如他说饲养员被我们的士兵吓跑了,渔民们都不合作,还有就是雨水太大了等。对于他的这些说辞我没加理会,而是派了十个掷弹兵与他同吃同住,直到另有命令才能离开。

这一计果然成功了。仅仅过了两天,一辆大马车天刚破晓就来到我们营地,车上满载好东西。看来饲养员们全都回来了,渔民也复工了,马车上的鱼和野味足够让我们美美地吃上一个星期,有鲤鱼、狗鱼、鹿肉、山鹑……真是上天赐予的好礼!

收到这些和平礼物,我就让之前那些士兵撤离了他的家。在后来的日子里,他的善行让我们感到非常欣慰。

论节食对休息、睡眠和做梦的影响

导言

一个人在休息、睡觉或做梦时，他的身体仍在吸收营养，这仍然属于美食学研究的范畴。无论理论还是实践都表明进食的数量与质量对人类的工作、休息、睡眠和梦境都有巨大影响。

节食对工作的影响

营养不良的人难以承受长时间的艰苦劳动，他很快就会大汗淋漓、筋疲力尽，对他来说休息至关重要。如果他从事的是脑力劳动，他的思维会显得苍白无力，反复思考也无法得出连贯的思路，而且也经不住理性的推敲。脑力很快就会被这徒劳的努力所耗尽，最后他会在"战场"上昏昏睡去。

我常想象在奥特伊、朗布耶、斯瓦松等酒店举办的晚宴一定对路易十四时期的作家大有裨益。愤世嫉俗的批评家杰弗里嘲讽18世纪末诗人时说糖水是他们最爱的饮料。我想这离事实不会太远。

我对一些生活贫困、日子拮据的作家进行了考察，结果发现他们的作品缺少力量，他们的作品仅有的一点点力量只是由于欲盖弥彰的敌意和忌妒引发的。与此相反，膳食好的作家能及时弥补纠正各种偏颇和不足，从而成就一部部传世佳作。

在启程前往布洛涅的前夕，拿破仑皇帝曾经率领内阁以及各部大臣一起连续工作超过了三十个小时，期间仅仅吃了两次简单的工作餐及喝了几杯咖啡。

布朗曾经讲过一个故事，英国海军部的一个职员不小心弄丢了一些文件，而这些文件只有他有权处理，于是他花了整整五十二个小时来重新抄写。假如他当时没有一个特殊的进食选择，估计很难坚持连续工作这么长时间，他采取的措施如下：先喝水，再吃点小吃，然后喝些葡萄酒，接下来喝些肉汤，最后再食用点鸦片。

我记得有一次遇到一位我在部队认识的信使，他刚刚从西班牙赶回来，而且是被政府用十万火急的命令召回的，十二天里他骑马跑了一个往返，仅在马德里待了四个小时。中间只喝过几杯葡萄酒，以及几份汤，这就是他途中的全部食物。他一路马不停蹄、夜不能寐，他说如果吃的是固态食物的话，恐怕就坚持不下来了。

节食对做梦的影响

节食对于做梦的影响也不可小觑。

饥饿的人很难入睡，空空如也的胃会让他很清醒地感受到痛苦。

最后就算由于疲惫和虚弱使他昏睡过去，这种睡眠也会很浅，不能真正使人得到休息。

相反，吃饱饭的人却能倒头就睡，梦醒了也往往记不起来，因为他的神经在各感官通道上的流量是均衡的。当突然醒来时，他也会感觉回到现实生活是件痛苦的事；当睡眠的影响消失后，他会感到消化让他倍感疲劳。

人们普遍认为喝咖啡可以驱赶睡眠，喝习惯了就对它逐步适应，欧洲人头一次喝咖啡时不可避免地受其影响。有些食物与此相反，具有催眠的效果，例如奶制品和莴苣类蔬菜，当然，效果最佳的选择当属睡前吃一个苹果。

承上节

无数的经验表明饮食能影响人的梦境。一般来说，刺激性较小的食品能够导致做梦，这类食品有瘦肉、鸽子、鸭子、野味，还有野兔。具有相同作用的蔬菜有芦笋、芹菜、松露，尤其是香草。餐桌上没有这些具有催眠效果的饭菜绝对是个错误，因为它们给客人带来的多是轻松愉快的美梦。虽然它减少了我们的社会生活时间，但是增加了体验自我真实存在的时间。

有人把睡眠当作独立于社会生活外的另一种生活，一种浪漫的生活。有时，他们头一天夜里的梦还会在第二天的梦中接着演绎下去。他们在睡梦中见到的熟悉面孔有可能是现实世界中从未遇见过的。

结束语

如果一个人能适当反思自己的身体状况，并按我们设定的原则行事，那么他一定能让自己休息好、睡眠好并且做个好梦。他能把工作安排得井井有条，从而避免过度劳累，还会通过变换方式使工作不再感到劳累，他在工作中穿插小段的休息时间以恢复体力，这样就能够长时间不间断地进行思考，这对有些工作来说是十分必要的。

如果他想在白天多休息一会儿，他会坚持采用坐姿。他不向白天的睡意低头，如果困意实在无法抵挡，偶尔也会睡上一会儿，可是坚决不养成白天睡觉的习惯。

夜里该休息时，他会选择通风良好的房屋。他绝不拉上窗帘，因为那样会使他不断地重复呼吸同样的空气；他也不会把百叶窗关上，这样当他偶尔睁开眼睛时，会有一定的光亮使他感觉舒适。躺在床上，他四肢平放，头部略微抬高。枕头里填充的是马鬃，睡帽是亚麻的，胸口的毯子不能太重，而且要十分注意足部的保暖。

他非常注意饮食，不拒绝美味精致的饭菜。他喝最好的葡萄酒，但不管多么有名的酒他都严守限量；吃甜点时他谈笑风生，有豪爽侠义之风而无巧言令色之嫌；他更爱吟诵抒情短诗而不是至理名言。如果咖啡对他的口味，他就喝几口，然后又喝上一勺最好的饮料，目的很简单：甜甜嘴而已。在他表现出来的所有优秀品质中最突出的当属他的品位，且很有节制。

他满怀对自己和整个世界的满意上床就寝，眼一闭就会很快进入梦乡，而且这种熟睡状态能维持好几个小时。借助于消化吸收，他身体的损耗逐渐得到补充；一个甜蜜的梦境让他体验到一种神秘的存在：他看到了他爱的人，得到了心仪已久的职位，一阵轻风就把他吹到他最向往的地方。

最后他渐渐从睡梦中苏醒，回到社会生活之中。他对睡觉耽误的时间毫不懊悔，因为睡梦中他轻松享受了一把单纯而快乐的生活。

肥胖症的预防与治疗 [1]

导言

我想用一个小故事来证明人的意志对预防肥胖和治疗肥胖症的重要作用。

一天早晨，路易·格雷福勒先生来看我，他说他知道我对肥胖问题素有研究，他本人正饱受肥胖的折磨，因此想向我讨教，希望我给他提一些建议。我对他说："先生，您知道我不是职业医师，因此有

---

[1] 二十年前，我写过一篇关于肥胖的跨学科论文。读者们如果没有读过其前言，那真是一种遗憾。我用剧本的形式向医生证明了发烧的严重性远远比不上打官司。因为打官司会导致被告精神紧张、诅咒撒谎，使他睡不着觉，也高兴不起来，不但经济上蒙受损失，最终会导致身心疲惫而病倒，甚至死亡。这个理论值得广而告之。——原注

权不回答您的提问。如果您能答应我一个条件，我就给您提些建议。我的条件是您必须承诺严格按我的要求坚持至少一个月。"格雷福勒先生满口答应，一言为定。第二天，我给他开出了处方，第一条是要求他在每次训练前后称体重，这样可以使治疗效果得以量化。

一个月后，格雷福勒先生又来看我，向我说了下面的话："先生，我严格执行您的处方，把它当作生活中不可缺少的组成部分，一个月之内我的体重减掉了三磅多。但是为了这个结果，我的饮食乃至所有的生活习惯都不得不做出重大改变。但是我受够了，我得告诉您，虽然您的处方很有效，但我想放弃了，不管将来等待我的命运是什么。"

听完他的这番慷慨陈词，我心头不由得一阵悲哀，随后的结果就已经注定了：格雷福勒先生越长越胖，饱受肥胖症之累，四十出头就因窒息不治而亡了。

概述

任何治疗肥胖的方法都离不了下面三个环节：饮食须谨慎，睡眠要适度，锻炼宜步行或骑马。虽然这些方法科学有效，但我并不对它们抱太大希望，因为我深知人们很难不折不扣地执行，因而也就难以取得预期的疗效。

首先，克服食欲、离开餐桌需要巨大的精神力量。只要有食欲，人们一般就会一口接一口吃下去，欲罢而不能。医生也不例外，许多人正是看到医生如此因而更加放心大胆地放纵自己的食欲。其次，建议胖人早些起床不亚于刺痛他的心。他会说，他的体格不适合早起，如果他起早了，一整天都会感到难受无法正常工作。女士则会抱怨早起会使她容颜憔悴，她们宁肯晚睡晚起。第三，骑马是一项昂贵的治疗方法，不是任何人都能承受得起的活动。

如果建议一位漂亮的胖女士去骑马，她也许会开玩笑似的回答，除非满足她三项条件：第一，必须给她配一匹英俊、活泼而又驯良的马；第二，她需要穿一身最新款式的骑士装；第三，她需要有一位勇敢而又殷勤的绅士来陪伴。因为这些条件很难同时齐备，她们也就很难骑马扬鞭了。

步行锻炼也会遭到各种反对意见：乏味，会使人出汗从而容易引起感冒，尘土会弄脏长筒袜，石头会磨破鞋底，诸如此类。如果在锻炼过程中出现一点点头疼或皮肤被划破一点点伤口，人们马上就会指责这项运动，而且立即将其停掉，医生也在一旁大惊小怪。

因此，尽管人人都知道要想减肥就须节制饮食、减少睡眠、增加锻炼，但人们始终没有放弃寻找实现这一目标的其他方法。现在已经有了一种有效防止过度肥胖以及减肥的方法，这种方法是基于最安全的化学和物理处方，通过有规律的饮食习惯来达到理想的减肥效果。

但药物疗法再好也好不过食疗，食疗不论人醒着还是睡着都在日夜不停地发挥作用，疗效随合理的饮食而增强，可以使全身各部分的肥胖都得到有效抑制。减肥药不宜滥用，因为肥胖基本上是因为摄取面食和淀粉造成的，人与动物全都如此（动物的育肥过程就是一个很好的证明）。因此我们认为，在一定程度上减少面食和淀粉类食物就可以实现减肥目的。

我的读者们也许会抱怨："天哪！教授可真够残忍的，他一句话就禁止了我们吃美味的权利：利迈面包、阿沙尔饼干、某某蛋糕，以及所有用面粉、糖和牛奶制成的食品！甚至连土豆和意大利面也不给我们留下！这么和蔼的美食爱好者也会说出这种话来？"

"你们说的是什么话？"听到这些我不禁严肃起来，要知道我一年也严肃不了一两回："好吧，你们想怎么吃就怎么吃吧！长胖、变丑、体重增加、喘不上气，最后死于高血脂。我会将你们的这些变化如实加以记录，你们将会出现在我的再版书里……什么？短短几句话就把你们征服了？你害怕了，想让我收回这些让你们内心剧烈不安的话语……为了使你们不至于太难过，我将给你们一个饮食生活的规则，其中仍然保留着一些享乐的成分，毕竟生活在这个世界上的我们都要吃饭。

"你喜欢吃面包？很好，可以吃黑麦面包，那些身强体健的山里青年早就证明了它们的好处。当然它的营养和口味都要差一些，不过这会使我们更容易遵守戒律，一定要确保自己不受诱惑，矢志不渝。

"你喜欢喝汤？那就喝清淡的蔬菜汤吧！汤里可以放绿色蔬菜、萝卜类等植物的根茎，但一定不要面包块汤或面条汤等浓汤。

"头道菜你基本上都可以吃，不宜吃的只有少数几种，如鸡肉和米饭，以及馅饼的面壳。好好享受头道菜，但也要注意节制，否则你可能就不再想吃下面的菜了。

"当第二道菜上来时，你要保持清醒的头脑。凡是面食，不管以什么面貌出现，都要敬而远之。吃烤肉、沙拉和绿色蔬菜难道还不够吗？如果你实在想吃甜品，那就选巧克力蛋羹、橘子或潘趣酒果冻吧。

"上甜点啦！注意，这可是一个危险的陷阱。如果你吃得足够精明，相信你的智慧能有长足进展。不要选择辛辣菜，它们往往装饰得像奶油蛋卷；还要尽量避免饼干和蛋白杏仁甜饼。这样桌上只剩下各种水果和果酱，可以依据我的用餐原则有选择地食用。

"晚餐后，我认为应当喝咖啡或者利口酒，间或允许适量饮茶和潘趣酒。

"至于早餐，我建议吃黑麦面包，喝巧克力热饮而非咖啡。如果一定要喝咖啡，我建议只放少许牛奶。不建议吃鸡蛋，其他食物不限制。

早餐时间应尽量提前，如果早餐太晚，午饭时间到来时，肚子里的早餐还没有消化完。可是你吃得又一点儿也不少，这种没有食欲的吃喝正是导致肥胖的重要原因。"

节食续

上文中我像一个睿智的慈父，为大家列举了一些能防止肥胖的注意事项，我还要对前面的处方再增加些内容。

每年夏天要喝三十瓶苏打水，早晨起来要喝上一大杯，午饭前两杯，晚上睡觉前再喝两杯；葡萄酒最好选口味淡而微酸的，如安茹葡萄酒；要像躲避瘟疫那样远离啤酒；要经常吃小萝卜、洋姜、芦笋、芹菜、蓟菜。至于肉类，尽量吃小牛肉和禽类。面包只吃外面烤硬的外皮。如果有些食物不好把握，可以找医生咨询。这些建议不管你什么时候接受，很快就能收到意想不到的效果：你会重新变得清新、亮丽，充满活力，从此再也不会感到力不从心。

这样你就会在减肥的道路上大步前行了，但我必须提醒你留神陷阱。我担心你减肥心切，做出矫枉过正的事。所谓陷阱就是习惯性地食用酸味食品，有些无知的人可能会建议你食用，但我们的经验却证明它们具有很大的危害性。

危险的酸性食品

有这样一种广为流传的错误观念，每年都让不少女士白白送掉了卿卿性命。这种观点认为吃酸性食物，尤其是醋，可以防止女性变胖。

长期吃酸性食物确实有让人减肥的效果，但代价是让人失去健康、活力乃至整个生命。柠檬汁算得上酸性食物中最柔和的一种了，但即便如此，也很少有人的胃口能够长期饮用而不受损害。我希望知道这个道理的人越多越好。读者中也许少有人能够证明我的观点的正确，我只好用自己的一些经验来证明了。

1776 年，我在第戎接受医生资格课程培训。教授化学课的吉东·德·莫沃先生当时任总检察长。教授家庭医学课的马赖先生是法兰西学会的终身干事，他同时还兼任巴萨诺公爵先生的神父。在那里我认识了不少聪明活泼的女生，我与其中一位姑娘建立起一种志同道合的友谊。我说志同道合是实事求是毫不夸张的，那些日子里我衣冠楚楚，为人严肃认真、一丝不苟。

后来我们的朋友关系确定下来了，从初次见面到成为亲密朋友，这一过程非常自然。她经常对着她妈妈的耳朵小声地讲述她的幸福，可是这并没有让她妈妈感到惊讶，因为她们娘儿俩都是心地纯洁的人。

露易丝非常漂亮，但为人并不张扬。她身材匀称，有着古典美女的丰满；她的美丽让人赏心悦目，堪称造型艺术的典范。虽然我与她只不过是朋友关系，但这又岂能使我对她的魅力熟视无睹、无动于衷？我禁不住对她浮想联翩。可能我自己当时也不知道，我对她的爱慕之情正在变得越来越强烈。一天傍晚，我仔细注视着露易丝说："亲爱的朋友，你近来身体不太好，看起来越来越瘦了。""哦，我很好。"她笑着回答，但她的笑容仿佛带着一丝淡淡的忧伤。"我身体很好，我只不过消瘦些罢了。我完全有把握再减一些重量而不至于伤害健康。"我一下子急了："还要减肥？你现在既不需要减肥，也不需要增重，你只需要保持现状就好了。"我还反反复复地说了一堆类似的话，当时我是一个二十岁的求爱者。

经过那次谈话，我开始焦虑地观察起她的变化。我眼看着她的脸色失去了光泽，两腮深陷、魅力减退。唉！美丽是多么的脆弱易逝！我发现她还像以往一样坚持跳舞，于是我便利用在舞会上做她舞伴的机会,和她在舞场外单独坐一会儿。我坚决要求她告诉我实情,她承认:她的一些女友总是跟她开玩笑说不出两年她就会变成一个比圣克里斯托弗还要胖的大胖子。于是在另一些朋友的帮助下,她找到了一种减肥的方法,即每天早晨喝一杯醋,连续喝一个月。她还说我是第一个知道她秘密的人,她从没把这件事告诉其他人。

听到她的讲述我不禁打了个寒战,因为我深知她所面临的危险。第二天一早,我就把她的事儿原原本本地说给她妈妈听,她妈妈太疼爱自己的女儿了,可她也吓坏了。刻不容缓,我们马上请来医生给她诊断、开药。可是一切都为时已晚,她的健康已经元气大伤、无可挽回了。我们发现危险时就已然没有希望了。可爱的露易丝因误信别人愚蠢的建议,最终只落得身体虚弱、痨病缠身,芳龄十八便香消玉殒了。

去世时她两眼悲哀地睁着,仿佛凝视着没有未来的未来。她不愿意可又不能不回想起把她自己送上绝路的愚蠢行为,这种悔恨无疑加速了她的死亡,加重了死亡的痛苦。

她让我第一次亲眼目睹了死亡,在我的怀中咽下最后一口气。路易丝去世八个小时后,她伤心欲绝的母亲求我陪她去看一眼她女儿的遗体,我们惊奇地发现她脸上悲苦的表情不见了,看起来仿佛满脸愉悦。我对此大惑不解,而她妈妈则认为这是一种好征兆,心里感到些许的安慰。这种事例并非个别,拉瓦特尔在其关于面相学的论著中早就谈到了。

减肥束带

不论什么减肥饮食方法都应该辅以预防措施,这一点我应该早点指出,当然现在也为时不晚。首先一条建议就是无论白天还是黑夜,都应系上一条适度偏紧的束带,使胃部不至于胀得太大。

要想充分理解这项措施的重要性,首先应该明白脊椎一侧对于腹腔来说就像墙一样牢不可破，因此肠道吸收的过多营养转化成的脂肪会向腹腔的其他地方堆积。这种膨胀可能没有限度，然而人体却没有足够的收缩力来抗衡；[①]这时只有采用束带的外力援助才能抵消脂肪向外扩张。束带因此具有双重功效：吃饱时防止肚子向外胀，肚子空的时候给腹部增加收缩力。还有一点不要忘记：夜里睡觉时也要系着束带，否则白天的努力就白费了。开始时可能会有一些不舒服的感觉，用不了多久就会习惯系着束带睡觉了。

肥胖患者也不是注定要终生系束带，当减肥达到了预想的目标并稳固几周后，就可以去除束带了，但仍要保持合理的饮食习惯。我本人早在六年前就不再使用束带了。

奎宁

我相信有一种物质具有很强的减肥功能，我的几次观察使我确信这一点。我愿意和怀疑者讨论，不过我想请医生来验证——这种物质就是奎宁。

我认识的人中有十个至十二个人在患间歇性发热期间自己用药，他们有人用的是当时的常备药，还有些人长期服用奎宁，结果表明奎宁的疗效更为显著。这些患者得病前身体肥胖，其中那些服用常备药的人病愈停药后，身体又恢复到原先的状态；而那些服用奎宁的人在痊愈后，则保持了消瘦的状态。这一现象让我相信正是奎宁产生了如此疗效，因为这两组病人除了治疗药品不同以外，其余条件几无差别。

通过理论推导我们也能得到类似的结论，一方面奎宁能够刺激体

---

① 米拉布据说是一个非常胖的人，上帝创造他就是想看看人体的皮肤究竟能绷紧到什么程度。——原注

内各种通道，促进体内循环，那些原本会渗入脂肪的气体会被排出体外；另一方面，奎宁含有一定量的鞣酸能够关闭脂肪物质进入细胞的通道。很可能奎宁的减肥功效正是这两种功能相互作用产生的。

由于奎宁具有这些特性，我认为有必要将它介绍给所有希望减肥的朋友，任何人都可通过自身的尝试来验证其疗效。如果能够遵医嘱使用奎宁并配以合理的膳食，我敢担保只需一个月的时间，任何想减肥的人都能见到效果。接下来的一个月里，他只需隔天早晨七点或者早饭前两小时喝一杯溶有一勺奎宁的干白，就能继续提高减肥效果。

以上就是我对付减肥遇到麻烦的办法，它们都是我从社会实践出发，并考虑到人性的弱点所采取的切实有效的手段。

我以前就提过一个观点：节食越是严格，减肥越不理想。这是因为过严会导致人们要么敷衍了事要么拒不执行，迎难而上者毕竟还是少数。因此，我建议人们最好制订宽松而容易的目标，尽量选择自己感兴趣的减肥方法。

论禁食

定义

禁食是一种出于道德或宗教目的而自愿节食的行为。尽管禁食既不符合人类的生理本能，也不符合我们的日常需求，但它却是一种流传已久的风俗习惯。

权威人士这样解释禁食的起源：在丧失亲人，比如父亲、母亲去世或备受疼爱的孩子夭折时，整个家庭都会陷入深深的悲伤之中。在给遗体擦拭及涂抹油脂后，亲人们放声痛哭，随后会根据死者的身份举行一个相应的葬礼。这种情形下，人们往往很少会顾及到吃饭，送葬者实际上进行了斋戒而自己浑然不知。

另一种情形是大规模的灾祸，如干旱、洪涝、虫灾、残酷战争等造成无法挽回的损失时，受灾者全都以泪洗面，认为自己的苦难是神的愤怒造成的。于是，他们谦恭地企求神息怒，并以禁食的形式克己禁欲，侍奉诸神。当灾害过去后，他们便以为这是由于他们的痛哭和斋戒的成果。以后再遇到类似的情况时，他们仍会求助于这些方法。

因此，不论灾难是社会的还是个人的，每个人都会哀哭不止、茶饭不思，自愿的禁食很快就被看作是一种宗教行为。

人们相信，当精神受到重创时，身体忍饥挨饿就会使诸神心生怜悯。世界各民族的人其实想法都差不多，都有哀悼、许愿、祈祷、奉献、禁欲、禁食等行为方式。最后，耶稣基督降临人间时，斋戒便被神圣化了，于是基督教各派别都采纳了这一做法，只不过禁欲的程度有所不同罢了。

禁食的历史

必须指出，禁食风俗已经不再为人们所遵循。因此，不论出于启迪那些不信上帝者还是劝他们皈依上帝的目的，我都要讲一讲18世纪中叶禁食是如何实施的。

当时，人们平日里九点前吃早饭，早餐包括面包、奶酪、水果，有时也可以吃馅饼和冷肉；中午12点至13点这段时间，一家人围坐在一起吃火锅，火锅里的食物因家庭经济状况和其他环境因素而定；下午4点，孩子们以及崇尚传统风俗的老人会补充一些清淡食品。

傍晚小吃5点钟才开始，结束时间不一定。这顿饭一般来说特别受女士们欢迎，以至于后来逐渐变成女士们的独享，男人不能享用。在我没有公开发表的回忆录中，写了许多由这一餐引起的种种丑闻和闲话。

8点钟就到了晚餐时间，喝完汤后就会依次上第一道正菜、烤肉、配菜和甜点。吃完以后开始玩牌，最后上床睡觉。不过在巴黎，玩完牌后还会有一些高档次的夜宵。喜爱这些夜宵的人既有时尚的女主人也有风流奸邪之辈，还有贵族、金融家、浪荡公子以及才子等。人们讲着最鲜活的故事，唱着最近流行的歌谣。政治、文学、戏剧都是人们讨论的话题，当然爱情是个永恒的话题。

接下来看看斋戒日里人们是怎样度过的吧！

首先，因为不吃早饭，所以他们的食欲会比平日更强。

其次，虽然正餐人们吃得很好，但鱼和蔬菜消化得很快，不到五点钟人们就饿得要命了。他们不住地掏出表来看时间，期盼着下顿饭赶快到来，吃饭时人们仿佛得救似的拼命大吃。

等到晚上8点钟，人们等来的不是什么正经的晚餐，而是一顿斋饭。这种斋饭来源于修道院，当时修士们在每天晚上要聚在一起谈论早期传教者的故事，晚课结束后允许修士们喝一杯葡萄酒。

在这种斋饭中，所有动物性食品包括黄油、蛋类都被禁食。斋戒者只能吃一点沙拉、果酱和水果，而且菜碟的量都很小！我们肯定会猜想，斋戒者的食欲一定令他非常难熬，但实际上对上帝的爱能够使他甘愿忍饥挨饿，空着肚子上床，每天都重复着前一天的行为，在整个大斋节间天天如此。至于上文提到过的吃夜宵的人，我敢肯定他们从不参加斋戒。

在过去的斋戒日里，烹饪杰作当属一种既严格遵守基督教教义又具上等晚餐特征的斋饭，科学成功地解决了这一难题，他们创造出了像奶汁鱼、蔬菜肉汤、油酥糕点之类的斋戒美食。

严格遵守大斋节禁食规则的人，在复活节后的第一顿早餐时所获得的快乐是我们难以想象的。如果仔细探究，就可发现我们快乐的基本要素包括克服困难和短缺、满足渴望和取得成就。禁食结束这一事件恰恰具备了上述所有要素。我的两个叔祖父都是严肃而理智的人，可是在复活节那天，他们看见第一片火腿肉和正在切开的馅饼，差点儿给乐晕了。现在我们这些神经脆弱的人再也无法承受如此强烈的感觉了！

禁食放松的起源

我本人见证过禁食放松，那是一种不知不觉渐入佳境的感觉。不够一定年龄的儿童不宜参加禁食；孕妇以及准备怀孕的女人，因为她们情况特殊也应免除斋戒，应准许她们吃肉以及正常的晚餐。这些食品对于斋戒者简直是痛苦的诱惑。

后来，人们发现禁食会使人的脾气变坏并导致头痛和失眠。再接下来，人们又把春天里容易得的小病如春疹、眩晕、流鼻血以及各类气血渐盛造成的起泡症状等归罪于斋戒。于是，有人借口自身有病而不斋戒，还有人因为曾经有病而不参加斋戒，更有些人因为害怕生病而拒绝斋戒。总之，素食斋饭便不再流行了。

这并非全部原因，曾经连续有几个冬天气候十分恶劣，引起人们对蔬菜短缺的恐慌。菜价猛涨，使教会素斋的成本也随之加大，经济压力迫使教会官方放宽对斋戒的要求。与此同时，一些人认为损害健康绝非上帝的本意，而另一些缺乏信仰的人也在一旁帮腔说想升入天堂，靠饥饿自虐不是办法。但人们在观念中仍然承认斋戒是自己的义务。想免除斋戒的人总会向神父申请，神父也很少拒绝这样的请求，但要求人们用布施替代禁食。

到大革命时期，人们关注、害怕、感兴趣的事情完全不同了，当时既没有时间也没有机会去聆听神父布道。有些神父甚至被列为国家公敌而遭追捕，然而这并未阻止各个不同教派之间的门户之争。

幸运的是上面最后这个原因已经不再影响我们了，不过我还得补充一条同样重要的理由。我们用餐时间改变了，吃饭的次数不再像祖先那么频繁，也不在他们用餐的时间吃饭，最终习惯的改变导致了新规则。事实的确如此，我的交际圈子都是些贤达、正派、宗教信仰温和的人，可是令我难以置信的是，在二十五年当中我在这些人家中只见过十几次素食，而斋饭则只见过一次。这种情况肯定会让不少人感觉难堪，不过据说圣保罗对此早有预言，那么我就权且借圣徒之言为自己辩护吧！

如果把人们的放纵无节制归因于新秩序的话也是大错特错。每天吃饭的顿数几乎少了一半，酗酒现只是社会底层的人在某些特殊场合的现象。如今的人已经不再狂饮，暴饮暴食的人只会招人讨厌。三分之一的巴黎人早餐十分简单，而他们也满意于此。如果我们看到有人酷爱精美的糖果和讲究的美食的话，会发现他们的行为也无可指摘，因为他们的消费会使许多其他人受益，而不会损害别人。

在结束这一主题之前，我们不妨观察一下大众趣味的新动向。

现在，每天晚上成千上万的人迈入戏院或咖啡馆，而四十年前他们选择在小酒馆里消磨时光。新秩序也许没给经济带来什么增长，但人们的精神面貌却产生了巨大的改观。人们在咖啡馆读报从而得到教化，不像过去人们在小饭馆里因鬼混时间太久而招致争吵、疾病、堕落等。

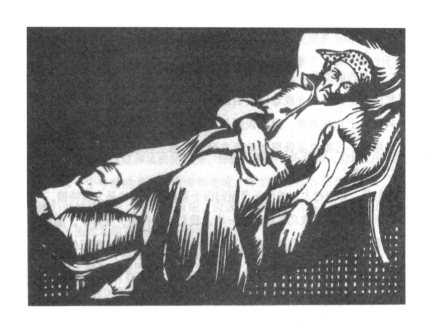

论疲惫

导言

"疲惫"一词表示疲弱、沉重、倦怠的状态，它是由环境造成的，影响着生命机能的正常发挥。除去因缺乏食物而造成的精疲力竭以外，造成疲惫的主要原因还有以下三种：一是由肌肉疲劳造成的；二是用脑过度造成的；三是纵欲过度造成的。对这三类疲惫的共同治疗方法就是立刻停止诱发疲惫的因素。

疲惫即便不是一种病，但它距离疾病只有咫尺之遥了。

治疗

当我们完成了分析疲惫的原因后，美食就该大显身手了。对于那些由于长时间肌肉紧张造成疲惫的人，食疗方案包括靓汤、美酒、炖肉以及睡眠。对因陷入长时间思考而用脑过度的人，缓解方案包括到户外活动换脑筋，洗澡放松，食用一些禽肉、绿色蔬菜等。

从下面的实例中可以看到放纵情欲而不知节制给人带来的巨大危害。

教授的治疗方法

一天，我听说好友吕伯特先生身体欠佳，便去看望他。只见他穿着晨衣无精打采地蜷缩在火炉边，他的狼狈相着实让我吃了一惊：脸色苍白、眼神呆滞，嘴唇无力地下垂，下牙全都露在外面。

我焦急地询问他这次突然生病的原因，他支支吾吾欲言又止。虽然他不愿意回答我的问题，但经不住我再三追问，终于道出了其中的原委。"老朋友，"他红着脸说，"你知道我老婆好吃醋，这令我在过去受了不少罪；最近一段时间她醋意升级，为此我努力向她证明我对爱情的专一以及对婚姻的忠贞不贰。结果就把我折磨成现在这个样子了。"我对他说："你不清楚自己已是四十五岁的人吗？再者，嫉妒是个不可救药的恶习。你难道不知道老话说'最毒妇人心'吗？"只因他的话激起了我的愤怒，像这样直言不讳的话我还说了不少。

我接下来说："现在看你的脉搏又弱又缓而且很不规则，你打算怎么做呢？"他回答："医生刚走，他说我是神经性发热，准备对我采取放血疗法，会准备派一名外科医生来给我实施。"

我不禁大声惊叫："外科医生！这和医生没啥关系，弄不好你会被他治死！赶紧把他轰走吧，这跟谋杀没啥两样。告诉他我在这里，对你的身心进行全方位的调治。医生知道你得病的原因吗？""哎呀，他不知道，我没好意思向他坦白。""那好吧，你现在就请他来，我根据你的身体状况为你配制汤药，现在你先喝点儿这个。"我边说边递给他一杯糖水，他怀着必胜的信念一口喝下去了。

接下来我离开他家，回家着手给他精心配制出一种特殊的兴奋剂，其制作方法可参见本书下篇，该章收录了许多节约时间的食物制作方法，因为有时候耽搁几小时就会酿成无可挽回的大祸。

配好药剂后，我迅速地赶回他家，他的状况已经有所改善。脸色开始恢复了光泽，眼神也多少恢复了正常，但他嘴唇仍然可怕地下垂着。没多久那位医生也赶来了，我向他说明我采取的步骤，病人也向他坦白了得病的原因。开始时医生眉头紧锁，很快他的眼神中就流露出一丝嘲讽，对我朋友说："难怪呢，您这种年龄和地位的人的常见病我都没看出来，这只能说怪您自尊心太强。还有一点我必须批评您，您的自尊让我开错了药方，险些酿成大祸。再有，我这位同行，"说到这儿他向我鞠了一个躬，我也向他鞠了一个躬，他接着说，"他给你的办法是正确的，你就喝他的汤药吧，虽然不知道他的汤药叫什么。我敢肯定你的发热症状会好的，如果是这样的话，明天早晨你可以喝上一杯巧克力饮料，记着往里面打上两个鲜蛋黄。"

他一边说一边拿起帽子和拐杖，向门外走去。他承认自己的判断失误，这让我们很高兴。我马上给我的朋友端上这剂疗效更强的治病良药。他贪婪地将它喝下后还想再喝一些，但我坚持要他过两个小时以后再喝。后来天黑回家之前我让他服用了第二剂汤药。

第二天他的烧止住了，身体基本康复。遵照医生的建议吃过早饭后，他竟能像往常一样正常地工作了一整天，但问题较为严重的嘴唇直到第三天才恢复正常。不久之后，这件事情就传开了，女人们对其中某些细节窃窃私语。有些人则羡慕我朋友命不该绝，绝大多数的人对他的处境深表同情，而我这美食学教授则得到了应有的荣誉。

154

论死亡

　　造物主给人类规定了六大基本行为模式：诞生、运动、饮食、睡眠、繁衍和死亡。死亡是各种感性关系的终结，代表着生命能量的绝对耗尽，肉体之躯最终腐朽瓦解。

　　每种行为模式都伴随某种快感，从而冲淡其所带来的痛苦。在身体经历了生长、成熟、年老、衰退等阶段后随之而来的自然死亡，也有其特殊魅力。

　　如果不是打算将这章写得简短一些，我本应该邀请那些对人由生到死的过程认识颇多的医生共同参与写作。我原本也想引用一名人名言，他们在即将跨过生死永恒之门时仍有乐观的思想，而不像一只将死的猎物那样悲伤无助，这些人包括国王、哲学家、文人等。

我想起方坦耐尔临终前的情形，别人问他在想些什么，他回答："我只想我这一辈子活得真不容易。"我愿意简单说一说我对死亡的理解，我的观点不仅靠类比推理得来，更来自于认真细致的观察。

下面是最近的一个例子：我有一位姑奶奶九十三岁时病危在床，虽然卧床很久，但她身体的主要机能尚在。她身体衰退迹象主要表现在食欲逐渐变差、说话声越来越弱。她一直对我疼爱有加，我守候在她床旁，看她临终前是否还有什么牵挂。这一切并未妨碍我用哲学家的眼光近距离地审视她，因为我已经习惯用这种眼光审视周围的一切。

"侄孙儿，你在这儿吗？"她的声音勉强能听清。"是呀，姑奶奶，我就在您身旁。我觉得您要是喝点儿老酒会感觉舒服些。""给我拿杯酒吧。酒总是向下走的！"我迅速倒了半杯最好的葡萄酒，轻轻地扶起她，把酒送到她唇旁。她咽下一口酒，精神立刻显得好多了，她用那双曾经美丽的眼睛看着我说："有劳你对我最后的照顾，等你能活到我这个岁数，一定会发现死亡只是一个简单的要求，就像睡觉一样自然。"这是她所说的最后一句话，半小时后她就永远地睡去了。

里奇朗医生曾用真实而又不乏哲理的方式描述过人体最后时刻的状况，读者应该感激我从他的著作中摘录如下段落：

"人的心智衰退过程是按如下顺序进行的：最先失去的是理性，理性是人成为万物之长的根本属性。临终者首先会失去逻辑判断力，稍后又会失去比较、搜集、组合、联系的能力，从而无法厘清不同想法间的相互关系。这一阶段，我们说病人失去了理性，处于茫然虚妄状态，其话语一般围绕着个人最熟悉的概念，因而通过他说的话，容易发现他真正的挂念是什么。守财奴这时可能会说出自己储藏钱财的地方，还有人会在宗教恐惧的困扰中死去。家庭的甜美让他们沉浸在所有的美好和沉痛记忆之中。

"在理性和判断力消失后，下一个丧失的是将思维连接的能力。这一现象被称之为昏迷，我自己就亲身经历过。有一天，当我与朋友交谈突然感觉到难以将思维接下去，当时我脑子里一片空白，什么意念都没有。我当时大概是昏迷了，但还不是彻底的昏迷，因为还有记忆和感觉，所以我能清楚地听到周围人们喊道'他昏过去了'。我心里也很清楚他们是如何把我从这一奇怪状态下拉回来的，其实这个状态也并不难受。

"记忆力是下一步要消失的。临终者在精神恍惚阶段尚能辨认床边的人，但到这个阶段就不再认识人了，他会茫然地盯着自己最亲近的亲人。最终他的感觉也会消失。感觉消亡过程是按照一定顺序的：先是味觉和嗅觉不再存在，然后是一层薄雾笼罩在眼前，他的眼神露出可怕的表情，耳朵仍然能听到声音，这就是古人要对着死者的耳朵大喊的原因，才能确定其是否真正死亡。临终之人在嗅觉、味觉、视觉、听觉都消失后，只有触觉还有残存，他会在病床上不停抽搐，努力伸出胳膊，不断改变姿势，就像胎儿在母亲子宫里一样不断地扭动。死神将要给他最后一击，但这时已无法吓住他了，因为他已经没有意识，他就像刚出生时那样不知不觉间结束了自己的生命。"（里奇朗，《生理学新要素》，第九版，第二卷，第六百页。）

烹饪哲学史

导言

烹饪是人类最古老的行业。亚当诞生时是饿着肚子的，而要想让其他刚生下来的婴儿止住哭声，唯有妈妈的奶头。

烹饪也是比人类其他文明发展更早的行业，正是烹饪的需要使我们掌握了火的应用，进而使人类成为大自然的主人。如果我们把观察视野再放宽一些，可以发现从原始的烹饪活动中演化出三大工作领域：首先是专门负责加工食品的工作，它仍保留着"烹饪"的名称；第二是致力于对食品成分的分析和确定的工作，这部分现称为"化学"；第三可以称之为"康复烹饪"，或用"药剂学"一词表达更为准确。

虽然这些工作的目的各不相同，但它们也存在着共同之处：它们都离不开火、火炉，甚至许多相同的容器。同样一片牛肉，厨师要把它做成肉汤和炖肉，化学家要研究其中的成分，而药剂师则在我们消化不良时设法把它吐出来。

营养发展史

人是杂食动物，用门齿可以咬水果，臼齿可以咀嚼粮食，犬齿可以撕扯肉类。人的犬齿越强壮就说明他身上保留的野性越强。

早期的人类非常有可能与其他灵长类动物一样，属于食果类动物；而且可能完全依靠果实来维生，这是因为人类单靠赤手空拳的攻击能力极为有限。但人类追求完善自我的天性却得到了迅速发展，对自身弱点的清醒认识促使他努力寻求武装自己的手段，人类作为肉食动物的本性也起到了一定的作用。人类的犬齿清楚地表明他们具有肉食动物的特征。人类一旦将自己武装起来，就开始对周围动物进行猎杀，把它们作为自己的营养源。

人类破坏的本能始终保持着：让小孩子照料小动物，往往会把它们杀死，如果感到饥饿时还有可能把它们吃掉。

人类选择肉食当作营养来源并不奇怪：人的胃口很小，野果的营养成分含量又低，难以满足恢复体能的需要；人类食用蔬菜后，营养状况有所改善，但这种烹制方法却是经过好几个世纪才得以逐步完善。

人类最早使用的武器应该是树枝，后来的弓箭都是从树枝演化而来。值得一提的是，不管生活在什么环境和纬度的人都有使用弓箭的传统。这种一致性很难解释，为什么面对迥然不同的环境，人类的想法却出奇地相似。有一点可以肯定：在历史迷雾背后存在着某种必然原因。

食生肉只有一个缺点，即它会粘在牙齿上，除此之外应该说生肉的味道还是不错的。加上一点儿盐，肉会更容易消化，而且比用任何方法加工过的肉都更有营养。

1815年，一位克罗地亚骑兵团的上尉与我一起进餐，他说："天啊！其实不要这些繁文缛节，一样能够享受美味。我们打仗的时候，经常饿了就杀死野兽，往生肉上撒点盐（我们的马刀挂套①里总带着盐），然后把肉放在马鞍和马背中间的缝里，骑着马跑几分钟后，就能有滋有味地享受美餐了。"他一边说还一边比画。

每年9月份，多菲内人去北方打猎时都随身携带着盐和胡椒粉。他们在捕获到肥嫩的比卡丝莺后，拔毛，然后用佐料腌制好，放在帽子里戴在头上待一会儿后再吃。他们说用这种方法处理的鸟肉比烤制的还有滋味。

我们的远祖有吃生肉的传统，今天的人类并没有完全遗弃。用生肉制作的美食最有名的当属阿尔和波隆的香肠、汉堡熏牛肉、凤尾鱼干、咸鲱鱼等，这些食物虽然没有用火烤，但味道鲜美众所公认。

火的发现

人类在学会使用火以前都像克罗地亚人那样满足于吃生肉。不过，人类发现火是极其偶然的事件，因为自然界并不到处都有火，比如说，马里亚纳群岛上的土著从来就不知道火的存在。

烧烤

一旦发现了火，人类追求完美的本性促使他们尝试把肉放在火边将其烤干，然后再把肉放在烧过的木炭上烤熟。经过如此处理的肉，

---

① 马刀挂套是一种保护盾牌的皮套，斜挂在肩上，轻骑兵用它装马刀，在士兵们讲述的故事里往往占据着重要的地位。——原注

口感比生肉强多了，而且比生肉更容易咀嚼，同时烤焦的肉香质使熟肉带有一种让人喜欢的香味。

但是人们不久便发现把肉放入炭火的余烬中烤熟难免会弄脏，因为沾在肉上的木炭粉很难清除。针对这一问题，人们的解决办法是把肉穿在棍上架在炭火上烧烤，棍子的两头架在适当高度的石头上。这就是烧烤的起源，一种简单但最具风格的烹饪方法。烤肉由于其熏制方法而香味独特。烧烤自从荷马时代以来并没有多少改进，我希望读者们能够欣赏下文对阿喀琉斯在帐篷中与包括国王在内的三位希腊人的叙述。

我想把这段文字送给女士读者，因为阿喀琉斯相貌英俊，当心爱的姑娘布里塞伊丝被人掠走后，他并未因虚荣而掩盖真情的流露，他哭了。我还为女士们选择了杜加·蒙百先生的精彩注解，他的作品风格甜美淳厚，在研究古希腊的专家中是位成就不凡的美食家。

"帕特洛克罗斯立刻按照他挚友的要求行动。阿喀琉斯把一个大锅放到熊熊燃烧的火焰上，锅里放着一只母绵羊和一只山羊的前腿、一只猪的后臀尖。随后，奥托墨冬把肉递给阿喀琉斯。阿喀琉斯将羊肉切成小块，然后用铁钎子把肉块穿成一串。

"帕特洛克罗斯又点起了一堆火，等火光逐渐黯淡下来之后，他就把两支长矛架在两块巨石上，一边烤羊肉一边撒盐。

"羊肉烤好了，宴席也就备好了。帕特洛克罗斯从盛满食物的篮子里拿出面包分发给众人；烤肉则是由阿喀琉斯亲自分发给大家。分发已毕，阿喀琉斯面朝尤利西斯就坐，并且让同伴们祭祀诸神。

"帕特洛克罗斯将第一批食物投入火中，然后大家就开始品尝自己的那份食物。大家很快就酒足饭饱，此时阿喀琉斯冲着菲尼克斯打了一个手势，这被尤利西斯看到了，他就用自己的大杯倒满葡萄酒向我们的大英雄敬酒：'干杯，阿喀琉斯……'"

就这样，这几个希腊人包括一位国王、一位王子和三位将军，他们一边喝酒吃面包，一边品尝烤肉。

我们认为，阿喀琉斯和帕特洛克罗斯亲自下厨就是为了表示对尊贵客人的敬意，要知道当时做饭的活一般都是奴隶或女性来做，这一点在荷马史诗《奥德赛》中关于仆人饭菜的描写中也得到了验证。

以前，在动物的内脏中填上血和肥肉就被当作美味佳肴，当然这也可以算作一种黑香肠。

在当时乃至更早的年代，诗歌与音乐就是人类宴饮之乐的一部分。受人尊敬的游吟诗人歌唱大自然的奇迹、众神的关爱、英雄的故事，他们起到了后来传教士的功能。伟大如神明般的盲诗人荷马很可能就出生在一个这样的家庭，假如他没在儿时受到严格的诗歌训练，绝不可能在后来的创作中达到那么高的水平和成就。

达西耶夫人[1]指出在《荷马史诗》中从来没提到过煮熟的肉。当时的希伯来人则先进得多，他们在埃及流亡期间，就拥有了可以放在火上的锅，雅各高价卖给他孪生哥哥以扫的汤就是用这种锅煮出来的。

很难确定人类在什么时候最早开始使用金属工具，据说土八该隐[2]是这个行当的祖师爷。

按现有知识水平，我们制造金属工具时也会使用其他金属工具。我们用铁钳将金属夹住、用铁锤来锻造、用铁锉来使之锋利，不过至今还没有人能解释清第一把铁钳和第一把铁锤是如何制造出来的。

---

[1] 达西耶夫人（1654—1720），法国学者、翻译家。

[2] 土八该隐，《创世记》中人物，该隐的后代，铜匠、铁匠的祖师。

东方人和希腊人的宴会

随着青铜或陶瓷等耐火容器的发明，人类的烹饪技艺也得到了迅猛发展。因为这时人类不但可以给肉添加更多的调味料，而且还可以烹制蔬菜，制作肉汤、香精、果冻等食物。从此，新型食品层出不穷，不断填补原先的空白。

现存最老的书籍中高度评价了东方国王们的盛宴。这并不难理解：他们统治着富饶的国家，物产丰富尤其是盛产豪华盛宴上必备的各种香料、佐料。但文字记载缺乏细节，我们只知道那位把文字传给希腊的卡德摩斯曾担任过西顿①国王的厨师。

正是在这些追求享乐的东方民族中兴起了躺卧在餐桌旁边吃喝的风俗。这种奢靡阴柔的宴饮之风并没有受到广泛的拥戴，那些崇尚武力、奉行节俭的民族都对它表现出强烈的抵制。但雅典人接受了它，并在很长一段时期内成为文明世界的一种实践。

雅典人十分讲究烹饪和礼仪，并且乐此不疲，这对于一个生活优雅、追求时髦的民族来说再自然不过。国王、富人、诗人、学者引领着时代潮流，就连哲学家也感到没有理由拒绝大自然的哺育。

从古代作品的描述中，我们可以断定当时的宴会是极其奢华的。他们通过渔猎或贸易活动获取的美味，有些至今仍然深受喜爱。由于需求量很大，所以这些美味的价格一定很高昂。烹饪艺术品装点着餐桌，客人们躺靠在厚厚的软垫上。他们还研究如何用谈话来提高品味佳肴的雅兴，因此席间交谈也成为一门学问。

人们通常会在上第三道菜时唱歌，现如今的人已经失去了古时候的严肃，古时候唱歌的内容主要是赞颂神和英雄或者庆祝历史功绩，

---

① 西顿即现在的黎巴嫩港口赛达，古代曾为腓尼基奴隶制城邦。

当然也包括友谊、快乐、爱情等，但他们甜美流畅的风格与今天大相径庭。

古希腊的葡萄酒即便按照今天的标准也堪称上品。按酒劲的大小把葡萄酒分成若干等级，有些宴会要把所有等级的酒都上一遍。与今天人们的习惯不同，古希腊人把越是劲大的酒越用大的杯子盛。

妙龄美女也使这些奢华的聚宴增色不少，跳舞、玩牌，从事自己想要的消遣，不知不觉人们就会享乐到深夜。快乐浸入身体的每一个毛孔，很多人来的时候还大谈理想抱负，可是走的时候却深信享乐主义了。

学者们迫不及待地著书立说，对给人们带来如此快乐的艺术进行研究。柏拉图、阿忒纳乌斯等人曾经有过这方面的著作，但可惜的是已经失传。这些失传著作中让我们最感到遗憾的当属阿齐斯特拉迪斯著的《美食》一书。作者是伯里克利儿子的朋友。

西奥狄摩斯说："这位伟大的作家为了获取第一手的材料而周游天下。在旅途中，他并不太在意各地的风土人情，因为那些无法交流，他关心的是各地菜肴的做法，因此他经常进入厨房实地考察，详细记录了大量的菜肴实例。他的诗可以说是科学的宝库，每一句都堪称至理名言。"

希腊人的烹饪艺术[①]大致如此，一直持续到后来希腊人被台伯河畔兴起的拉丁人所征服才告中断。

[①] "尽管他们很努力，雅典人从未在美食领域达到最高境界，原因在于他们太过喜爱香甜的食物、水果和花卉，他们从来没有罗马帝国的精粉面包，更没有后来的意大利香料、精致的酱以及莱茵河白葡萄酒。"——德·库西（DeCussy）

罗马人的宴会

罗马人一开始只是为了独立而战斗，或者征服与它差不多贫困的邻国，他们并不知道美食是怎么回事。那些所谓的将军们只不过是些爱吃蔬菜的农民。那些以素食养生的历史学家肯定会对那个时代大加赞赏，因为当时勤俭节约是被当作美德赞扬的。当罗马帝国向外扩张到非洲、西西里岛和希腊本土时，罗马人受到被占领者的宴请，这些战败国的文明程度比罗马高得多。罗马人把这些异域美食带回本土，受到极大欢迎。

罗马人曾专门派人专程到雅典取经，带回了梭伦的法律；后来又派人去学习哲学和文学；为了追求优雅的生活，他们还学习餐饮艺术。当这些人返回罗马时不仅带回了演说家、哲学家、修辞家、诗人，也带回了厨师。

随着时间的推移、战争的不断胜利，全世界的财富尽归罗马人所有，他们的餐桌也奢侈到令人难以想象的程度。从鸵鸟到鸣蝉，从睡鼠[①]到野猪，他们舌尖的美味无所不包。为获取新的调味佐料他们进行了大量的试验，超乎我们想象地使用了阿魏、芸香等香料。

整个世界都在罗马人脚下，罗马远征军与探险队从非洲带回了松露、珍珠鸡，从西班牙带回了野兔，从希腊带回了野鸡，从亚洲的最远端带回了孔雀。

富足的罗马人为自家的花园而感到骄傲，园里不但种植像梨、无花果、葡萄之类常见的水果，还有刚刚发现的新品种，如亚美尼亚的杏、

[①] 睡鼠被认为是一种美味。餐桌上有时摆放着天平称，用来称睡鼠的重量。号称"美食女王"的安娜女王的医生 Lister 主张在烹饪领域使用天平，他认为如果十二只云雀的重量不足十二盎司，它们一定不会好吃；只有恰好达到十二盎司，才值得一吃；当重量达到十三盎司时，才最肥美、可口。——原注

伊达山谷的草莓，还有罗马大将卢卡拉斯攻陷本都王国后带回来的樱桃等。这些原产地环境各不相同的水果都被带回意大利，充分说明各地的人们都愿意或有责任向罗马进贡以博得宗主国的垂青。

各类食物中，鱼类被认为是一种奢侈品。人们对于从某水域中捕捞上来的鱼类往往又情有独钟。从远海捕捞到的鱼类储存在装满蜜的罐中，如果某些品种比平常体形大的话，便有望高价出售，消费者对此需求量很大，有些商人甚至比国王还富足。

人们对饮品的追求同样迫切。希腊、西西里岛以及意大利的葡萄酒都深受罗马人的喜爱。由于葡萄酒的价格是由年份与产地决定的，所以在每一个酒罐上都刻有类似出生证明的标记。

"啊！神圣的酒罐，早在曼利乌斯执政时期，你就与我在一起了。"

——贺拉斯

不仅如此，精益求精是人的天性，人们不断提升葡萄酒的品质，香料、花香素以及各种药材都被放入酒中做实验。当时一个名为康狄塔的作家群体将这些调制配方记载了下来，调出来的酒对嘴和胃的刺激作用十分强烈。

因此可以看出，早在罗马时代人们就开始梦想得到酒精类的刺激饮料，然而酒精直到一千五百年以后才被人类发现。

与罗马人饮食奢华程度相比，有过之而无不及的是他们豪华的摆设和装饰。最好的材料加上最精巧的工艺制作出了盘子、家具、碟子。宴席上菜肴的数量也逐渐超过二十道，上每一道菜时前面所用的餐具都要换成干净的。酒宴上每一项活动都安排专门的奴隶来伺候，这些活动都有各自的特色。珍稀的香料使宴会厅香气袭人，解说员负责介绍哪一道菜值得特别注意，并把出彩的地方解释出来。一句话，凡是能促进食欲、保持关注、延长味觉享受的办法，能想的都想到了。

应该说，这种奢华有时竟达到了荒唐的地步。有时一场宴席要消费数以千计的鸟和鱼；有的菜看除了昂贵以外全无优点，如用五百只鸵鸟的脑子做成的菜以及用五千只会讲话的鸟的舌头做成的菜。

通过以上事例，我们很容易理解卢卡拉斯的膳食为什么要花费那么多钱，以及在阿波罗神庙里所摆设豪华盛宴是如何尽其所能地满足食客们的感官欲望。

卢卡拉斯的复活

当年的盛况完全有可能在我们眼前重现，唯一做不到的是没法让卢卡拉斯复活。设想一下，一个拥有数不尽财富的人想用一场盛大宴会来庆祝一次经济抑或政治上的大胜，他会吝惜金钱吗？可以想见，他会不遗余力地在宴会前装点宴会大厅，命令厨师备办各种美味佳肴，要求酒侍拿出最好的美酒以飨贵宾。

宴会开始，他会邀请最优秀的演员为客人们上演两场大戏，清唱、声乐、器乐等门类的最著名的艺人纷纷献艺。酒宴结束咖啡上桌之前，他会抱着歌剧中最漂亮的舞女跳上一支芭蕾。酒宴气氛随后达到高潮，两百个精心挑选的美丽女郎与举止高雅的四百名男客人自由搭配、翩翩起舞。

餐具柜里存放着充足的冷饮、热饮。到了午夜，又有一顿巧妙组合的小吃可以使人重新恢复体力。仆人们聪明机智而做得又恰到好处，室内光线充足明亮，锦上添花的是主人承担了把客人从家里接出来参加宴会，会后再把客人送回家去的任务。这样的宴会就其准备的条理性、服务的周到性而言，足以得到包括特洛伊王子帕里斯在内的古今美食家的交口称赞。卢卡拉斯的厨师若是地下有灵，也会自愧弗如。

上文列举了要想今天的宴席足以与当年罗马盛宴的奢华相媲美所

需要的条件，同时我还充分地向读者说明宴会的设施与气氛的重要性，其中包括小丑、歌手、哑剧、弄臣以及所有可以增加客人兴致的手段，因为客人来就餐的主要目的还是消遣。

不管是希腊人、罗马人还是我们中世纪的祖先，或者我们自己，人类所做的一切皆出于人的本性，即不满于现状，希望人生有所作为。

卧姿进食

和雅典人一样，罗马人吃饭时也喜欢斜靠着，但罗马人接受这一习惯却不是一蹴而就的。一开始，长榻专门用来祭祀众神，后来才被高官显贵所采用，逐步演变成全民的习惯。这一习惯一直延续到4世纪初基督教时代才告结束。

这些长榻最初只不过是简单地在凳子上铺些干草、垫些兽皮。后来，它们与其他宴会配套设施一起逐渐变得豪华起来。制作这些豪华长榻所用的材料选用了最珍稀的木材，并镶嵌黄金、象牙和宝石等，铺的垫子也是刺绣精美、柔软舒适。

这样的一个长榻可以容纳三个人，通常食客用肘支撑身体朝左侧躺卧。这种被罗马人称为斜侧而卧的吃饭姿势比我们习惯的坐姿更舒服、更方便吗？我想不会。从身体角度考虑，侧卧要耗费更多体力来保持平衡，胳膊上的肌肉长时间支持身体的重量肯定会感到难受；从生理学角度来看，这种姿势会妨碍消化吸收，食物在人体的肠胃中运动不畅，甚至引起胃部不适。

尤其像喝酒之类的动作在这种姿势下更难完成。喝酒时必须十分注意避免酒从大杯子中洒到贵重的餐桌上，难怪在侧卧进餐的时代会出现这样的谚语："酒杯与嘴唇之间总会有许多空隙。"

卧姿进餐也不易保持卫生，尤其我们知道那时的男人多留有大胡子，他们用手或者餐刀或餐叉把食物放进嘴里，叉子是很久以后才被创造出来的。在赫库兰尼姆城遗址中发现了许多把勺子，而没有发现一把叉子。

再者，恐怕采取这种姿势进食使人容易有伤风化，尤其在两性共享长榻同吃共睡时会使人感情容易失控，从而做出越轨非礼之事。"午饭后酒欢耳热，我仰卧在床，忍不住在长袍披风上钻了一个洞。"

事实上，人们对卧姿进食的批判攻击首先就来自道德领域。基督教在早期的血腥迫害中生存下来并逐步发展壮大，神父们便开始大声疾呼应该杜绝这种放荡、无节制的生活方式。他们反对最强烈的是进餐时间太长、食客们总是放纵情怀，这与他们的箴言相悖。他们自己过的是清规戒律的生活，因此把美食列为首恶之一，同时严禁男女野合，尤其是对卧姿进餐的习俗大加挞伐，认为是它体现了可恶的软弱。

在教会的严令下，人们逐渐改变了习俗。餐厅里不再设置软床，人们又恢复了原先的坐姿；虽然是出于道德的考量，但坐姿进食并未减损吃饭的乐趣。

诗歌

这一时期，宴饮诗歌经历了一次重大转折。我们可以从贺拉斯、提布卢斯等作家的创作中感受到一种与希腊诗风迥异的软弱、苍白之气：

心爱的拉拉吉，

我爱你甜美的微笑，

还有你清脆的语调。——贺拉斯

莉斯比娅，你问我，

要吻多少次，

才能满足我的爱？——卡图卢斯

我的爱人，

秀发披散金光闪闪；

她的颈项白皙修长，

一袭香肩惹人爱怜。——加卢斯

蛮族入侵

我们用几页的篇幅回顾了烹饪史上最辉煌的五六百年，那可是厨师和美食家的黄金时代。随着北方日耳曼人的到来或者说入侵，一切都被彻底改变了。昔日的荣光不复存在，取而代之的是漫长可怕的黑暗时代。

日耳曼人到来后，烹饪艺术连同相关的学问一同销声匿迹。大多数厨师在其主人的宫殿内被屠杀，有些厨师不愿当亡国奴，远奔他乡；只有少数厨师选择留下为新主人效力，但很快他们就发现自己错了，新主人根本不懂他们的厨艺，何谈欣赏。这些蛮族大嘴粗肠，难以体验精美食品细腻的韵味。大块牛肉或鹿的腰腿肉、大杯烈酒对他们来说已然心满意足。这些掠夺者从来都随身携带武器，因此吃饭时很少秩序井然，往往会在餐厅出现打斗流血的事件。

否极泰来乃是万事万物的规律，那些征服者最终失去了原先的野性，而通过与被征服者的和睦相处、共同生活，使他们也领略了文明的魅力，他们开始理解社交生活的美妙之处。

此种变化也反映在他们的日常餐饮中，主人宴请客人不再限于吃饱肚皮，而是如何愉悦宾朋，一种更为高雅的享受让客人们充满活力，待客之道越来越注重情感因素。这些转变起始于公元 5 世纪，在查理曼时期得以迅猛发展；通过对当时法典的研究，我们发现这位伟大的君主曾不遗余力地维持自己奢华的宴席。

在查理曼及其后来者的倡导下，待客之道逐渐带有了一些游侠、骑士之风。女宾迷人的魅力让殿堂生辉，权当是对骑士精神的褒奖。身着金装的年轻侍从与出身名门的少女，为宴会增色不少，他们手捧金爪野鸡和长尾孔雀向王公贵族们的餐桌一路走来。

研究一下女人在餐桌上的地位变化是件很有趣的事。在古希腊和古罗马时代，女人们不得与男人同桌就餐；而到了法兰克王国时期，女人们开始登堂助兴。只有奥斯曼土耳其帝国是个例外，他们始终不许女性抛头露面。不过这个孤僻的民族即将面临黑云压城的局面，不到三十年的时间里，强悍的大炮即宣告土耳其宫廷女奴的解放。

妇女解放运动自从诞生之日起，历经世代相传积蕴力量，到我们这个时代已经成为蔚为壮观的社会潮流。女性，就连上流社会的女性也都毫无例外地认为自己的职责就是忙家务、办宴席、请客吃饭，这种现象一直持续到 17 世纪的法国。

她们用纤巧的双手让食物发生了神奇的转变：鳗鱼配蛇舌、野兔配猫耳，还有其他新奇菜肴纷纷上桌。她们还充分运用威尼斯人从东方带回的香料和从阿拉伯带回的香精进行烹饪创新，例如，她们使用玫瑰水烹制鱼肉。奢华的宴席主要体现在菜肴的丰盛上。后来这种奢靡之风泛滥到让国王都感到头疼的程度，于是便出台了限制奢侈的法规。但这些法规与先前希腊、罗马的法规一样遭到了嘲笑、躲避和忽视，它们只不过作为历史文献的一部分而保留在了法律典籍中。

人们依旧纵情享用美食，尤其在修道院、修女院等场所，此风更甚。这是因为这些机构中聚集的财富，在国内长期战乱的条件下并未遭受多大的损失。

法国妇女一直或多或少地参与、主持厨房事务，因此我们完全有理由认为法国烹饪在全欧洲的显赫声望是她们努力的结果。法国烹饪的优势主要体现在其大量精细、轻巧、美味的菜肴上，而这恰恰是女性思维的特点。

我讲过人们总是尽情享乐，但有时候无法做到这一点。有时就连国王自己的晚餐都无法得到保证。如在内战期间，国王经常饿着肚子睡觉；有一次，亨利四世邀请一位富人共进晚餐，假如那位富人没带火鸡的话，国王的晚餐就成全素宴了。

与此同时，烹饪技艺自身也在逐步完善。十字军从亚实基伦平原带回了青葱，从意大利引进了欧芹，香肠制作者充分利用猪肉开发出了新品种，这都为烹饪技艺在后世的发展奠定了基础。

面点师也同样成绩斐然，几乎在任何宴会的场合里都有他们的杰作。他们早在查理九世登基之初就与国王有过密切合作，并从国王那里获得了某些法定的特权，如制作圣餐中所用的圣饼等。

大约 17 世纪中期，荷兰人率先将咖啡引入欧洲[①]；强大的土耳其帝国苏丹苏莱曼·阿迦深受我们的祖先爱戴，正是他在 1660 年让我们的祖先第一次品尝到咖啡的滋味；1670 年圣日耳曼市场一个美国人开始公开兜售咖啡；法国第一家咖啡店出现在圣安德雷艺术大街上，咖啡店的墙上装有镜子，室内摆放大理石餐桌，其风格与今天的咖啡店风格非常相似。

---

① 荷兰人最早从阿拉伯把咖啡引入到欧洲。他们先把咖啡引种到巴达维亚，继而引入欧洲。炮兵中将德勒苏派人从阿姆斯特丹带回几棵树，并把它们送到御花园里，这是咖啡树第一次来到巴黎。根据德若索 1673 年的记载，这棵咖啡树直径约有一英寸，树高五英尺；它的果实很好看，有些像樱桃。——原注

糖也是在同一时期引入欧洲的[①]。斯卡隆在一篇文章中说她妹妹吝啬，把装糖的调味瓶盖上的孔弄小了，这反映出糖罐在当时已经成为普通器皿了。

同样也是 17 世纪，白兰地闪亮登场了。蒸馏这一概念最初是由东征的十字军带回来的，其技术只被有限几个专家所掌握。到路易十四早期，蒸馏器成为普通物品；但直到路易十五时期，白兰地才真正成为人们的普通饮品。人们成功提取酒精之后，又过了好几年和无数次的失败尝试，才在一次实验中提取成功的。

最后，烟草也是那个时代引进的。因此说糖、咖啡、白兰地和烟草这四种在商业和税收上占有极其重要地位的物品，其实只有短短两个世纪的历史。

路易十四和路易十五时期

正是在这种好运连连的时代，路易十四登基了；正是在他的统治下，餐饮业连同其他艺术一同得到了长足的进步。

至今人们还能记得当时游乐会的盛况，全欧洲的骑士云集法国；不过这种盛会的光彩只是夕阳西下前的回光返照，因为盔甲长矛的时代很快就被以刺刀和大炮为代表的新时代所取代。游乐会的高潮是在盛宴上达到的，这完全出于人类的本性，只要肚皮还没填饱，他们就不会真正快乐。这种生理需求不以人的意志为转移，也难怪我们在表达"完美"一词时，常会使用"有品位"这一说法。

爱屋及乌，重视宴席的必然结果是那些准备宴席的人也成为重要

[①] 虽然古罗马哲学家卢克莱修有所记载，但应该说古代并没有糖。糖是工艺的产品，未经过结晶处理的甘蔗汁只不过是乏味而无用的液体。——原注

人物。这也可以理解，因为这些人需要具备多种素养，如创造性、组织能力、比例感、一丝不苟的精神，以及令人放心的遵规守时习惯。

这个时期的重要场合中，男式的紧身长外衣开始出现。这绝对是一项伟大的创造，结合了建筑与绘画的特点，给人一种舒适美观的视觉效果，有时候它特别符合节日气氛以及英雄的身份。

当时的节日宴会需要厨师付出巨大努力。不过后来的盛宴风格逐渐向少而精的方向发展，这就要求厨师更加认真仔细，注意处理局部与细节。

为皇家及高官富贾们服务的厨师都兼有艺术家的身份，他们凭借自己的才能和努力以及值得称赞的竞争意识，形成一种不断创新的氛围。路易十四统治后期，最著名的厨师往往都固定服务于某个达官贵人，同时后者也引以为傲。这样的组合使两个人名气相得益彰、相辅相成。在烹饪书上我们能看到每种名菜的赞助者、发明者或宣传者中有不少大人物的名字。

这种组合在今天已经不复存在。这并非说今天的人不如祖先那么关心美食，只不过是我们已不太关心那些美食制作者了。敷衍了事的夸奖是我们对那些创造美好饮食者唯一的礼物。饭店老板为世界各国提供餐饮服务，得到赞扬后的感觉就像变成百万富翁一样，这就是甜言蜜语的作用。

仙人果是专为路易十四从中东地区引进的，当时烈性酒已经被酿造出来，这位皇帝经常会感到身体疲劳，这种缺乏活力的状态经常出现在六十岁以上的老人那里。因此人们就用白兰地配上糖与甜味剂制成具有疗效的饮品，这有点儿类似今天的强心剂，这也是今天调酒艺术的起源。

有意思的是，同一时期英国宫廷的烹饪艺术也繁荣起来。安娜女王就是一位坚定的美食家，经常对厨师不耻下问，英国烹饪书中有许多菜肴的名称都带有"安娜女王御制"字样。

路易十四的第二任妻子曼特农夫人当红走运时，法国的烹饪艺术却停滞不前，到后来摄政王统治时期，烹调业才又恢复了往日的生机。

奥尔良公爵睿智、好客，经常变着花样地与朋友们聚餐畅饮。我敢断言公爵菜肴独具特色之处就在于使用了美味的酱汁，使得水手鱼吃起来就像刚从水中打捞出来的一样鲜，还有味美无比的松露火鸡。

松露火鸡从一开始诞生就名声大噪，价格也随之一飞冲天，它的出现得到了美食家的交口称赞，让他们笑逐颜开、欢呼雀跃！

路易十五在位期间，餐饮业得以继续发展：十八的和平岁月医治好了先前六十年战争的创伤，工业繁荣、商业发达、农民纳税等让整个国家出现了前所未有的繁荣。贫富分化得到了遏止，全国各阶层兴起了宴饮享乐之风。从这个时期开始①，宴席普遍更加讲规矩、礼节和追求雅致。但这种对雅致的追求，有时甚至超出合理界限。

为让厨师做出美味、健康的宴会大餐，人们提供了各种便利条件。提供的原料包括鹿肉、野味，以及体型很大的鱼。厨师用这些原材料很容易做出六十人的饭菜。但这些食客并不好打发，有些人的嘴除了傻笑从不张开，有些女士情绪多变，有些人的胃一团乱麻，还有些人的食欲不振，一吃就饱；凡此种种，厨师这种工作便需要更高的智慧、

---

① 根据我从不同地区收集到的信息，可以统计出 1740 年前后十人一桌的饭菜大致如下，盘：牛肉汤、烧小牛肉、开胃菜；主菜：火鸡、蔬菜盘、沙拉、奶油（有时有）；甜点：干酪、水果、果脯。杯盘一般撤换三次，即汤（牛肉浓汤和清汤）之后，主菜以及甜点之后。咖啡不常见，在那时还是一种稀罕的饮品，会经常来点儿樱桃白兰地或粉红色杜松子酒。——原注

更深的理解以及更勤奋的工作，简直比研究高深的几何学更难解决。

路易十六

路易十六以及大革命时代的社会变化我们都已亲身经历了，在此不再赘述。我们仅粗略回顾一下自 1774 年以来宴席艺术中所发生的种种变化。这些进步有些是厨艺本身的，有些则是发生在习俗与社会制度层面的，虽然这两方面总是相互作用、相互影响，难以彼此彻底分清，但为了方便起见，我们还是应该分别对待。

厨艺发展

从事与食品销售与制作相关的行业，如厨师、宴席承办人、糖果制造商、糕点师、食品供货商等，如雨后春笋般成倍增加，但数量的提升是需求增长的反映，因此并没影响从业者的收入。

物理与化学知识被应用于促进厨艺。就连最著名的科学家也放下身段，踊跃地将自己的智慧服务于人类的基本需求，研究范围从普通劳动者喝的肉汤一直到用水晶或黄金容器盛放的晶莹剔透的肉汁。

新职业不断涌现，例如专做小甜饼的糕点师，就是一种介于普通糕点师与糖果制作商之间的行当。这一行业的主要产品包括饼干、蛋白杏仁甜饼、花式蛋糕、蛋白霜，还有许多用奶油、糖、鸡蛋、面粉制成的甜食。

食品储藏也单独成为一种职业，因此我们得以一年四季都能吃到各个季节的食物；园艺学得到巨大的发展；温室里种植着热带水果，通过栽培和引进我们得到了新的果蔬品种，其中包括一种非常好吃的甜瓜，这些新鲜果蔬的出现宣告了以往的一句谚语已经过时了。[①]

我们从全世界进口葡萄酒，各种酒在宴席上的使用非常有讲究：马德拉葡萄酒用于开胃，法国葡萄酒用于陪伴主菜，非洲及西班牙葡萄酒在宴席高潮时开怀畅饮。法国菜肴囊括了各种外国特色菜，如英国的咖喱菜和烤牛肉；各种调味料，如鱼子酱、豆酱；各种饮料，如潘趣酒、尼格斯酒等。

咖啡是早餐过后提神醒脑的普通饮料。各式各样的器皿和加工工具及附属产品随之也被发明出来，外国人来到巴黎会发现许多他们既叫不上名字又不敢问其用途的餐桌用品。

从上述事实我们可以得出一个基本结论：在作者写作此书时，尽管餐前、餐后以及用餐时的讲究千变万化，但根本宗旨不变，即要让每一位进餐者心情愉悦。

最新进展

"美食"一词起源于希腊语，在法国人听来，这个词音节优美，即便对其含义不甚了解，仅仅将它读出来就足以让人笑逐颜开。

我们逐渐把美食主义与贪婪和贪吃区分开，人们把美食主义当作可以接受的人之常情。因为它体现了社交的品位，既受到主人的欢迎，也让客人受益匪浅。它还推动了艺术的进步——美食家和其他艺术爱好者一样，也享有自己研究的领域。

宴饮之风传遍社会各阶层，种种邀约与日俱增；每位主人都希望把自己在更高级别的宴席上见到的菜肴介绍给自己的客人。得到这种

---

① "想要挑一个好甜瓜，你得尝试五十个。"我想现在种植的甜瓜是罗马人肯定没见过的，他们那时只有现在称为黄瓜的瓜，吃黄瓜时就辣味酱。见《美食》书。——原注

全新的享受后，我们又会去参加其他聚会，这样我们时间的安排就会更趋合理。从黎明到黄昏这段时间我们用于工作，其余时间用于宴饮以及酒足饭饱之后的享乐。

早餐会成为一个定制，其独特之处表现在饭菜的构成上，同时客人们也可以身着便装，轻松交谈。

茶话会也是一种新鲜事物，为人们提供了一种与众不同的交流形式。它是为那些酒足饭饱的人安排的消遣活动，喝茶不是因为饥渴而是为了味觉的享受。

过去三十年来政治性的宴会也很流行，它们对许多重大的政策法规产生过影响。作为一种宴席，它的菜肴品质是一流的，但进餐的人们往往并不注意，只是事后回味时才体验到菜肴的魅力。

最后，餐馆诞生，这可是一种全新的"场所"，但时人对它们还认识不足。餐馆的出现带来的最大变化是任何人只要钱包里还有三四块金币，就必定能够马上尽情享受味觉带来的种种乐趣。

餐馆老板们

导言

餐馆老板的任务是向公众提供现成的宴席，根据每个顾客的要求将菜肴分成若干小份，以固定价格出售。

承办这项业务的机构就叫餐馆，其管理者就叫餐馆老板；带有各种菜肴名称、价格的列表叫作菜单，或叫饭单；有顾客消费的菜肴列表以及应付钱款的单子叫账单。在那些经常下馆子的食客中，很少有人会认识到那个设计并创办第一家餐馆的餐馆老板具有何等的天才与洞察力！

我们下面就沿着这一思路去探究一下这个最受欢迎、最方便舒适的场所是如何被创建出来的。

起源

即使到 1770 年左右，也就是路易十四时期、摄政王时期和弗勒里红衣主教统治下的一段较长的和平时期后，一个外地人来到巴黎仍然很难找到可以大快朵颐的地方。

他不得不吃栖身小旅馆提供的饭，这种饭食质量一般很差。当时有一两家旅店提供饭食业务，但总的来说饭食也就是仅供果腹之需，而且还是定时供应。他当然也可以求助于酒席承办人，但他们只承办全套的宴席，要想招待几个朋友吃顿饭还需提前预约。这样一来，来访者假如没被豪门大户邀请就餐，他将带着无缘品尝和享受法式大餐的遗憾离开首都。

像这样不合理的情形终究会有所改变，很快就有不少人开始思考如何改善这一现状。

最终出现了一位有判断力的人，他认为要努力让积极因素带来积极效果。他断定每天在相同时间里会有很多人聚集到某个地方满足吃饭的欲望；同时，他观察到如果第一个客人买走了鸡翅并不影响爱吃鸡腿的第二位客人的购买，从鸡身上切下一块肉，并不会影响带骨头的这块肉的鲜美味道；此外，如果每位顾客都能得到优质、快捷、干净的服务，他不会介意菜价有点高；假如每位客人就菜肴的价格和质量讨价还价的话，将会使本已非常困难的销售工作更加麻烦，可如果给这些不同种类的菜肴定以不同的价格，就能够满足各种经济能力的人的不同需要了。

可以想象这个人肯定还有许许多多其他想法。他就是第一位餐馆老板,开创了餐馆这一挣钱的行业,他的后继者同样表现出良好的信心、思路和能力。

餐馆的优点

餐馆最先出现在法国,随后又在欧洲普及,它不但给所有人带来了切实的好处,还对促进烹饪艺术的发展起到了十分重要的作用。

首先,有了餐馆,客人可以根据自己的安排和兴致,在最适合自己的时间前去就餐;其次,因为事先就知道每道菜的价格,客人能把控自己的饮食花费;第三,根据钱包的大小,食客们便可以尽情享用或清淡或浓郁,甚至外国的菜肴了,一边吃菜还可以一边畅饮最棒的法国或其他国家的葡萄酒、咖啡等,胃口大开,大快朵颐,餐馆真是美食家的天堂;第四,它还为旅游者、外国人、乡下人以及家里没有或暂时无法使用厨房设施的人提供了便利。

1770 年前后,只有有权有势的人享有两项特权:他们能迅速地旅行,也只有他们才能享用美食。随着一天能跑五十里路的公交马车的出现,上述的第一大特权消失了。随着餐馆业的兴起,权贵阶层的第二大特权也不复存在了。餐馆业让下里巴人得以尽享美食。

只要有十五到二十块皮斯托金币的消费能力,不论是谁都可以坐在头等饭店的餐桌前,他吃到的饭菜可能比在亲王餐桌上的还要好,在规格上毫不逊色,而且所有菜肴都是客人自己点的,不需要考虑其他人的想法。

餐馆素描

仔细观察一家餐馆,哲学家会发现各个角落里都充满了令人感兴趣的景象:房间的远端坐着几位食客,他们吆五喝六地大声点菜,急不可待地等餐，迅速吃完然后结账走人；在另一张餐桌边坐着几个乡下人，他们吃惯了粗茶淡饭也想品尝一下自己没有吃过的饭菜，他们坦诚地享受着周围环境的新鲜感；在不远处坐着一位丈夫与妻子，头上戴着巴黎人标志性的帽子和披巾，看得出来他们已经有一会儿没说话了。他们即将去戏院里看戏，我敢打赌他们中至少有一位会从开演睡到结束；再远一点儿的地方坐着两位情侣，其中一个专注倾听，另一个搔首弄姿，不过两人都是美食家，他们两眼放光、面露喜悦，享受着精心挑选的菜肴，赞美过去、展望未来。

在餐馆的中央摆放着一张桌子，专为固定客户准备，食客与饭店有特殊约定并按固定价格进行消费。他们知道所有侍者的名字，这些侍者总会介绍最鲜美和最新式的菜肴。他们是餐馆业的主要消费者，也是餐馆重点吸引的顾客群，就像布列塔尼人诱捕野鸭那样吸引他们。

还有一拨人是大家都面熟但都叫不出名字的食客，这些绅士在餐馆里与在家里一样放松，时不时与旁边的人搭讪几句。他们这一类人只能在巴黎遇到，既无产业也无收入和职业，但他们仍能大手大脚地花钱。

最后，也会有一两个外国人，主要是英国人。他们往往都一个人要双份饭菜，菜要点最贵的，酒要喝最烈的，酒足饭饱还得有人帮忙搀扶。

我们对餐馆描述的精确性可以拿一星期中的任何一天来加以验证，如果说它能增加读者的兴趣，那么它必定说明了某些道理。

餐馆的缺点

面对眼前诱人的美味客人有时会不由自主地吃撑，从而导致消化不良。人们的胃口总是过于娇气，或者说是不合时宜地向美女大献殷勤所致。

对社会秩序更有害的是，我们认为这种独立进餐的习惯会滋生个人主义：脱离环境之外，切断与外界的联系，只考虑自己不顾忌他人的感受。从一个人在饭前、饭中以及饭后的行为举止来观察很容易判断出哪些人经常下餐馆就餐。[①]

竞争

我们刚才讲过餐馆老板的出现对于厨艺的发展起到了推进作用。经验表明一份精心打造的创新菜品，如五香炖肉菜，确实给厨师带来了财富和名气，强烈的创作动机点燃了厨师的想象力和创造力。

通过分析，人们发现原先被认为毫无价值的东西中也有不少美味。新型菜品被发明出来，原有的菜品得到改造，这两大类中又包含有上千种的变化，外国的发明被引进。全世界的菜系都可借鉴，直到有一天，一桌展现全球食品风貌的菜肴将被创造出来。

固定价格的餐馆

随着烹饪艺术的不断提升，新菜品会带来价格的上涨（创新有代价）；但获利的动机却使菜价向相反的方向发展，至少在成本方面如此。

不少餐馆老板把目标设定为同时提供高档菜肴和廉价饭菜。他们认为收入中等的顾客很重要，占食客中的绝对优势。于是，老板们便着手从那些并不昂贵的食材中寻找合适的材料，精心准备和精心加工，转变成美味的菜肴。

我们身边就有两种取之不尽用之不竭的食材：一是肉类，这在巴黎总能买得到；再有就是海鱼，也永远不会出现供应短缺问题。此外，

---

① 把一盘切好了的食物分发给用餐者，餐馆常客都忙着吃自己的那一份，而根本不关心旁边的人还需要什么。——原注

配料还可以选用水果与蔬菜。烹饪方法经过改进后，菜肴价格更为便宜。老板们精打细算什么样的饭菜可以满足普通人不太挑剔的口味，同时又能满足少数人猎奇的食欲。

许多菜肴价格昂贵主要因为其新鲜或正逢旺季，如果时间稍微错后，菜的价格就会应声下跌。当价格降到能使餐馆老板获利百分之二十五至三十时，就可以用最高两法郎的价格让顾客大饱口福。这可真让绅士们颇感高兴，因为在家里备办如此精美雅致的宴席，每月至少要花费一千法郎呢。

从这一点来看，餐馆业可以说是为大城市里的重要人群提供了一种优质的服务，这些人包括外国人、军人、职员等。餐馆老板的目的肯定是为了赚取利润，但他们的方案却似乎与此目标相背离，努力把菜肴的价格控制在中等甚至偏低水平。

其实，餐馆老板采取廉价策略所带来的收益，并不比那些采取高价策略者收益少。他们不会大赔大赚，虽然财富积累的速度慢一些，却更加稳健。每天虽然只赚少量的利润，但年深日久也能积累起不小的财富。财富的多少只在于它的绝对数值，而不在于它是十块钱十块钱地挣来的还是一块钱一块钱地挣来的。

爱下馆子的美食家可能还会记得早期从饭馆涌现出来的烹饪大师：布瓦里耶、梅奥、罗贝、罗斯、勒加克，还有韦里、爱诺弗和巴兰三兄弟。这些餐馆生意兴隆靠的是一些特色菜，如小牛犊饭店的猪蹄、某饭店的烤下水、普罗旺斯兄弟店的蒜味鳕鱼、韦里店的松露菜肴、罗贝店的预定晚餐、巴兰店的鱼、爱诺弗店的四楼神秘雅间。在这些美食界的精英中最有名气的当属布瓦里耶，他1820年去世的消息都上过报纸。

布瓦里耶

布瓦里耶从 1782 年开始做餐馆生意，在超过十五年的时间里一直都是巴黎最有名的饭馆老板。

他是第一个把伶俐的服务生、优雅的房间、精选酒窖和高水平厨艺等要素充分结合起来的餐馆老板。和上面提到的烹饪大师作对比时，他从来没有落过下风，因为他总是紧跟厨艺发展的潮流而动。

1814-1815 年巴黎曾两度被外敌占领，但布瓦里耶的饭馆前总是停满各国的车辆，他甚至与各国代表团的头脑都混得很熟，乃至学会了各种语言以方便做生意。布瓦里耶晚年出版了一部两卷本的著作《厨房艺术》，这部书是他长期经验的结晶，充满着他对厨艺实践的感悟，该书面世至今一直备受读者推崇。烹饪艺术在此以前从未如此精确和量化。这部著作有好几个版本，为同类著作的出版奠定了基础，后来的厨艺书籍都没能超过它的水平。

布瓦里耶的记忆力很好，常常能认出二十年前曾到他餐馆里吃过一两回饭的顾客并与之打招呼。他还有自己独特的一套处事方式，如果他发现有钱人来到他店里，他马上就会充满热情地迎上前去，一躬到地十分殷勤。

他会劝告客人尽快点哪道菜而不要点哪一道，免得太晚而售罄，他会自告奋勇帮他们推荐菜，并从他的专有酒窖里为客人拿酒。总之一句话，他的语调动听得体，为他的额外服务增色不少。但这种客串主人的时间只持续一小会儿，安排妥当之后，他便抽身离开；然后，客人就只有面对长长的账单而至少痛苦一刻钟的命运了。

布瓦里耶一生命运多舛，财富积累之后散掉，然后再积累再散掉，反复了好多次。我们不知道他是在什么情况下去世的，但他的生活很奢华，继承者想必很难捞到一笔很大的财富。

餐馆美食家

如果仔细观察一下韦里兄弟以及普罗旺斯兄弟等一流饭店的菜单，你就可以发现可选的菜肴至少包括十二种汤、二十四种凉菜、十五到二十种牛肉头道菜、二十种羊肉头道菜、三十种鸡肉及野味头道菜、十六至二十种小牛肉、十二种糕点、二十四种鱼、十五种烤肉、五十种配菜、五十种甜点菜。

另外，幸运的美食家还可在赏鉴菜肴的同时，品尝至少三十种葡萄酒，还可以根据自己的口味选择勃艮第酒、开普葡萄酒或是托考伊葡萄酒。他还能喝到二十到三十种饮料，这些还不包括咖啡和混合饮料，如潘趣酒、尼格斯酒、乳酒冻等。

在饭店的晚餐中占绝大多数的是法国菜，如鲜肉、家禽、水果等；有些菜是模仿英国菜的，如牛排、威尔士野兔、潘趣酒等；有些是来自德国，如泡菜、汉堡熏牛肉、黑森林肉排；有些是西班牙菜，如烂锅菜、鹰嘴豆、马拉加葡萄干、塞里卡辣味火腿，以及其他一些饮料；有些来自意大利，如通心面、帕尔玛干酪、波伦亚香肠、大麦片粥、凉点以及饮料；有些是俄式菜肴，如各种干肉、熏鳗鱼、鱼子酱；有些是荷兰菜肴，如咸鳕鱼、干酪、腌鲭鱼、库拉索酒；有的食物来自亚洲，如印度大米、西谷米、咖喱、酱、西拉酒及咖啡；有些来自非洲，如开普葡萄酒。最后还有来自美洲的土豆、菠萝、巧克力、香草、糖等。正是上述这些菜肴及原材料支撑起了巴黎等地的美食，简直堪称世界各地美食的全面展示。

一位模范美食家

德·鲍罗斯先生的故事

德·鲍罗斯先生出生于 1780 年，其父曾经当过法国国王的秘书。幼年时父母双亡，年少的他继承了四万里弗的财产，这在当时是一笔数目不小的财富，尽管现在这点钱仅能填饱肚子。

一位叔叔负责他的教育。他开始学习拉丁语，起初他觉得很不理解，既然所有的想法都能用法语来表达，为什么要大费周折地去学另外一门语言。不过，随着学习的深入，尤其当他读到贺拉斯的诗时，他完全被诗人折服了。这些美妙的思想给他带来了莫大的欢愉，他于是下定决心要让自己掌握好那位伟大的古代诗人所使用的语言。

他还爱好音乐，几经尝试他选择了钢琴。他努力避免钢琴独奏缺乏表现力的弱点，用钢琴伴奏演唱，从而物尽其用。[①]这一领域他的成就甚至超过了专业教授，只是他不愿意让别人注意他。他并不表现自己，而是尽职尽责地完成伴奏的任务，尽量支持和配合歌唱者充分发挥。

他凭借自己的年轻，熬过了大革命时期最险恶的岁月。当他被限制自由时，他雇用了一名替身来顶替他去参军，那人在战场上英勇战死。当他拿到替身的死亡证明后，他感到可以放心地为我们的成败而欢喜或落泪了。

德·鲍罗斯先生中等身材，体形匀称。他有一张性感的脸，人们很容易注意到这一点。即使与法兰西剧团的米舍、杂耍演员加沃当和第索耶同处一室，他们四个人仿佛是来自同一个家庭。总的说来，他这个人可算得上英俊潇洒，有时候他也引以为荣。

他选择职业并非易事，他曾经尝试过多种工作都令他不满意，最后他终于过起了一种忙碌的休闲生活，也就是说他参加了几个文学社团的活动，并在地区福利委员会中担任委员，他还向各种慈善机构捐款。他一丝不苟地从事这些活动并照看自己的庄园，与其他人一样，他也有自己的职务、事务和交际圈。

当他将近二十八岁时，开始考虑婚姻问题，他只能在餐桌上与他的意中人相见，在见第三面时，他深感对方同时具备漂亮、善良和智慧的优点。然而幸福的婚姻是短暂的，结婚十八个月，妻子死于分娩，

---

① 钢琴是用来帮助作曲及伴唱的乐器，单独演奏它只是一种缺乏表现力的乐器，西班牙人认为弦乐器更有表现力。——原注

她的过早离世使他陷入长久的悲痛。为了抚慰心灵的创伤，他给女儿起了与其母亲相同的名字埃米妮，关于她我们下文还会提到。

德·鲍罗斯先生在他从事的各种职业中找到了不少乐趣。但他发现就连在最好的公司里也存在着嫉妒、派性、虚伪之风。他把所有这些无聊的东西都归结为人性的不完美，并打算为改造人性做出不懈的努力。不知不觉地他还是被命运所驱使，越来越离不开味觉的享受了。

德·鲍罗斯先生说过："美食学不过是对充饥艺术的反思和鉴赏。"他引用享乐主义者伊壁鸠鲁的话："难道人天生就要弃绝大自然的恩赐？难道人类来到世上只是为了收获苦果？神让人类脚下的鲜花为谁开？我们欣然接受上天对我们的恩赐正是遵从上天的意旨，我们的责任正是上天意志的反映，而我们的欲望则来源于上天的启示。"

他引用这位智者的话说，好东西是为好人准备的，如果认为上帝创造的好东西是为罪人准备的，岂不荒唐！

鲍罗斯先生第一个关注的人是他的厨师，他竭力向厨师揭示其工作的真正意义。他告诉厨师，不管有多少理论知识，要提高厨艺一定要重视实践经验。他还说，厨师工作本质上介于化学家与药剂师之间。厨师每天都担负保养人体机器运转的职责，其重要性高于药剂师，因为人们只是偶尔用得着药剂师。

他借用一位博学机智的医生的话："厨师必须掌握食物加工的火候，古代人就不懂这个技艺。我们今天的厨艺是建立在无数次的深入研究和充分理解的基础上，经过厨师们长期艰苦地考察地球上的物产，才发现巧妙使用调味剂可以掩盖某些菜肴的苦味，也可以给另一些菜肴提味，因此厨师总是为自己的菜肴选择最好的配料。欧洲厨师在菜肴原料构成上的研究远远超过了其他地区的同行。"

他的一席话令听者茅塞顿开，这位大厨深感自己责任重大，对自己的工作充满自豪。①

时间、经验和反思让德·鲍罗斯很快认识到餐桌上菜肴的数量实际上是由习惯决定的；一桌好的饭菜未必比差的贵多少，但一瓶上好的葡萄酒要花费五百法郎；餐桌上的许多事都取决于主人，即他心目中家宴的规格以及对所雇厨师的重视程度。

在此基础上，德·鲍罗斯的晚宴向古典庄重方向发展，名声远播海外，被邀请参加其晚宴成为一种特别的荣誉。有些人根本没有受到如此殊遇，却大言不惭地夸口说他的宴席如何有魅力。

他从来不邀请那些伪美食家，那些人其实只是贪吃的家伙。他们的肚子像无底洞，走到哪里都一扫而光。他总是乐于邀请志同道合的朋友，有理性地品尝各道菜肴，一方面不吝惜品尝菜肴的时间，另一方面又不忘适可而止的赞美。

商人们经常向他推荐稀罕的美味，并乐于降价卖给他，因为他们知道这些食物是以一种平和理性的态度被消费的，而且在社会上会造成一定的反响，有利于扩大他们店铺的知名度。

德·鲍罗斯的晚宴每次邀请的客人不超过九个人，菜肴的数量也不算多。但由于他的不懈努力和超俗品位，他的菜肴总是十分完美的。他的宴席上总会摆上时下最难得的菜品，或因其罕见或因其早熟。宴席服务无微不至、无可挑剔。席间客人们谈论的常常是一般性话题，生动有趣但又不乏教育意义。谈话能达到这个效果离不开主人的精心设计。

---

① 在一个运作良好的厨房里，厨师被称为"大厨"。他手下有助理厨师、糕点师、烧烤师、勤杂工等。勤杂工在厨房中常常挨打受气，不过他们也有可能通过努力提升职位。——原注

德·鲍罗斯家供养着一位贫穷但是很博学的高人，每个星期他都会从七楼下来给鲍罗斯提供一份适于餐桌交谈的话题清单。主人发现席间人们的谈话有些枯竭时就寻机启动这些话题，用这些话题救场可谓是屡试不爽，不但如此，这些话题还有效地减少了那些影响进食和消化的政治话题。

每周他会有两次邀请女士出席，每次他都会为每位女士安排一位男士专门相陪。这种特别关照给大家都带来了无穷的快乐，要知道有些一本正经的女性如果发现自己被冷落了会感到羞辱。

在那个年代，人们只能玩像埃卡泰牌这样的游戏，其他允许玩的牌戏只有皮克牌或惠斯特桥牌，都是严肃而具有思考性的游戏，甚至一度成了受过良好教育的标志。但是这些夜晚，人们更多的是投入快乐的交谈中，中间还穿插着唱歌，德·鲍罗斯从旁伴奏。当人们对他的表演报以热烈掌声时，他深感受用。

每个月的第一个星期一，德·鲍罗斯就与他的神父共同进晚餐，神父每次都能得到最真诚、最体贴的招待。他们的谈话内容虽然严肃，但并不乏无害的娱乐。神父完全被这晚餐的魅力吸引了，有时恨不能每个月能参加四次。

同样是每月的这一天，寄宿于米涅龙夫人家①的年轻的埃米妮也会出席。作为习惯，夫人总是陪伴着她年轻的学生。每次前来，埃米妮都别有一番风韵。她崇拜自己的父亲，当父亲祝福并亲吻她弯弯的眉毛时，这两个人简直就是世界上最幸福的人。

鲍罗斯总是确保自己花在用餐上的钱符合道德标准。他只与那些

---

①这是由一位名人赞助的教育机构，地理位置优越，学校设备完善，老师是巴黎最好的，而最打动教授的是它适中的价格。——原注

货品质量有保证而且价钱公道的商人打交道，把自己的朋友们介绍给他们，还利用其他办法给他们帮忙。他常说，商人们求财心切所以经常不太注意谋利的方法。

他的葡萄酒提供商号称从不掺假，这种品质即使是在伯利克里时代的希腊人中也不多见，到了19世纪就更为少见了，正是凭着这种品质他很快富有起来。

皇宫饭店的老板尔班接受了德·鲍罗斯的建议，开始出售两法郎一份的菜，而在别处要卖到两倍于此的价格，尔班的生财之道就是采用适当的价格确保顾客源源不断、与日俱增。

从美食家餐桌撤下的美食也不会让仆人们染指，他们会在其他方面得到了充分补偿。剩下的饭菜如果样子仍然美观的话，将按照主人的命令送到指定地点。

由于他在救济委员会供职，所以对于辖区居民的需求与品行有着深切的理解，他将他捐赠的物品送到合适的地方。他们剩下的饭菜可以让需要的人免受饥饿，并给他们带来快乐。这些食物包括肥美的狗鱼尾、火鸡的鸡冠、肉排、糕点等。为了使捐赠更有价值，他特意选择把捐赠时间定在周一早晨，这是因为工人们习惯在这个时间把星期日刚领到的工资挥霍光。他想用这些美味抵消人们的堕落倾向。[1]

鲍罗斯如果发现有一对年轻夫妇虽然只是三四流的小商人，但却反映出国家兴盛所必需的精神。他欣然前往拜访他们，并盛邀他们参

---

[1] 巴黎的大多数工人星期日早上工作结束后，会从老板那里领到一周的工资，然后他们纵情享乐一整天。周一早上，他们便聚在一起，也把花剩下的钱凑到一起，直到全部花完后才分开。十年前这种情形普遍地存在着，后来在雇主和节约社团的努力下，情况才有所好转。不过直到现在，那种恶习仍然存在，它浪费工人的时间和精力，获利的只是那些城市和郊区的娱乐场所、饭店、酒店及旅馆。——原注

加晚宴。在宴会那天，那位年轻妻子将遇到许多夫人与她谈论家庭内部的经济问题。而那位年轻的丈夫将会遇到许多绅士与他谈论商业与制造业的问题。

这些良苦用心是值得称赞的，那些受到邀请的人都努力不负他的厚望。在这些日子里，年轻的埃米妮正住在瓦鲁阿大街，她成长得很快。在她父亲的传记中我们还缺少一个重要组成部分，即他女儿的相貌，埃米妮小姐个子很高，有五英尺一英寸。她的身材像仙女一样轻盈，姿态像女神一样优雅。

作为父母当年幸福婚姻生活的结晶，她的身体状况良好、体格强健。她不怕太阳的暴晒，也不怕走远路。从远处望去，你可能觉得她肤色深，但离近些看，则可以看出她的头发是褐色的，眼眉是黑色的，眼睛是湛蓝的。她的五官很大程度上像希腊人，但她的鼻子是高卢式的。她的鼻子如此优雅富有魅力，艺术家们连续三次在晚宴上鉴赏她的容貌，大家认为她这具有法国特色的鼻子与其他五官一样值得诉诸画笔。

她的一双脚出奇的小但却很中看，本教授对此也极为欣赏并多次出言夸奖。1825年新年，在征求父亲同意后，她送给他父亲一双自己亲手制作的黑缎子鞋。她父亲经常拿着这双漂亮的鞋向上层社会圈的朋友展示，以此证明社交对人外貌和性格的影响。他认为如今大家欣赏的小脚是艺术和文化的产物，农民中就几乎没有脚小的人，脚小者的先人通常也都是生活悠闲的。

埃米妮把头发向后梳起，用头绳将其扎起，显得魅力四射，任何鲜花、珍珠、钻石都很难与她的美丽争宠。

她的语调平和自然，没有人会想到她认识我们时代所有最伟大的作家。不过有时，她一时兴奋无意中吐露了这个秘密。可是当她意识到的时候就会马上脸红起来，并垂下眼睛。她的脸红正说明了她的谦逊。

小姐在竖琴与钢琴演奏方面都达到了很高的水平，但她更喜欢前者，因为她对这种古代吟游诗人奥西恩曾经赞赏过的天界之琴情有独钟。她的嗓音甜美、纯净，宛如天籁，同时不乏有些少女的青涩。人们要她唱歌，她从不推辞；但在唱歌之前，她会向在场众人投以热辣的目光。她谦虚地说自己可能会跑调，但被她迷倒的观众根本注意不到她的话。

她也没有忽视针线活，这是一种单纯快乐的源泉和解除烦闷的有效方法。她像仙女一样做针线活，每当有新的针法或花样出来时，她父亲最好的女裁缝就会前来传授给她。

她的所有快乐都来自对父母的孝敬之心，虽然埃米妮尚无意中人，但她却十分热爱跳舞。当她跳起方阵舞时，似乎立即长高了两英寸，你会感觉她马上就会飞起来。但她跳舞还是有节制的，她的舞步毫不轻狂，她对自己在屋里轻松自如地来回穿梭已是十分满意了。但她的潜力是有目共睹的，我想如果她继续努力的话，舞蹈家蒙特苏夫人就要有竞争对手了。就算是一只鸟儿在散步，我们也注意到它长着飞翔的翅膀。

他把这个甜美的姑娘从寄宿学校里接回来，让她享受为她精心安排的财富与荣耀，鲍罗斯先生成了世界上最幸福的人，他平静地期待着这种幸福能够天长地久，但希望总是成为泡影，命运是人类无法控制的。

去年3月中旬，鲍罗斯先生被邀请到乡下朋友那里玩一天。那几天的天气仿佛提前进入了盛夏，忽然远处地平线外传来了一阵低沉的轰隆声，这正应了那句俗话"冬天仿佛被拧断了脖子"，但恶劣的天气并未阻挡住他们前进的脚步。没过一会儿天空便阴沉下来，黑云密布，暴雨伴着闪电、冰雹劈头盖脸向他们砸了下来。

这些人四下里散开分头寻找避雨的场所。鲍罗斯先生在一棵大杨树下避雨，这棵树的枝叶像伞一样张开，看起来能够挡风避雨，可是这一举动却要了他的命！那棵杨树的树顶恰巧伸向带电的云层，顺着枝叶向下流淌的雨水也形成了导电体。随着一声可怕的巨响，这位不幸的避雨者倒地而亡。

鲍罗斯死于非命之后，人们给他举行了隆重的葬礼。长长的送葬队伍里有人步行、有人坐车，跟随他的灵柩来到贝尔拉雪兹公墓，大家为他默默地祷告。一位友人在他的墓旁做了感人至深的演讲，让每一个在场的人都感到共鸣。

可怜的埃米妮被这一场灾难压垮了，她既没有抽搐也没有歇斯底里，更没有躲在床上掩盖悲伤，而是号啕大哭。朋友们谁也没有去劝她，人们希望她能把内心的悲伤全都哭出来。人类的情感哪里承受得住如此打击，痛哭是缓解悲痛的天然良药。

时间无疑会对她那颗年轻的心起到疗伤作用。现在再提起她父亲的名字时，埃米妮不再泪如雨下、伤心欲绝了。她谈论起父亲时带着深深的虔诚、高贵的悲悯和永恒的爱，她的语调是如此的深沉，听者无不感受到她的哀伤之情。

一位男生成为幸福的人，他出现在埃米妮身边，陪伴她在父亲的墓旁献上花圈。

在教堂的一个私人祈祷室里，每星期天中午做弥撒时都能见到一位可爱的高挑姑娘，旁边有一个老妇人陪着。她窈窕的身材令人陶醉，但厚厚的面纱却让人无法看到她的容貌。不过，人们一定是熟悉她的模样，因为只要她一出现，祈祷室周围马上就会聚集起一群虔诚的年轻人，他们每个人都衣冠楚楚、英俊潇洒。

女继承人的随从

一天，当我从和平街走到旺多姆宫时，被这位巴黎最富有的女继承人的随行队伍挡住了去路。这位姑娘尚未婚嫁，刚从布隆涅森林回来。

她的队伍包括下列人等：

（1）女继承人本人，她骑着一匹漂亮的枣红马，马匹被打扮得完美无缺。她身穿蓝色骑马服，下穿长裙，头上戴着插着白色羽毛的黑帽子；

（2）她的家庭教师骑马跟在身旁，一脸严肃，举止与其职责相符；

（3）大约十二至十五位的年轻仰慕者，他们都竭力吸引她的注意力，有人热情洋溢，有人马术精湛，有人神情忧郁；

（4）一辆精致的马车，供她在下雨或疲劳时使用，车上有一位胖胖的车夫和一名侍从；

（5）骑马的侍从穿着各色服装，他们人数众多、乱乱哄哄。

她们的马队在我面前飞驰而过……而我却陷入了沉思。

圣殿花环

美食学神话

加斯特丽亚是第十位缪斯女神：专司味觉。只要她愿意，全世界的生灵都可以看作是她的臣民，因为假如没有生物，世界将是不复存在的，而所有的生命都要摄取营养。

她最喜欢徜徉在山边的葡萄园或者芬芳的橘林，因为那里的松露最上乘，漫山遍野到处都有山果与野味。

当她想屈尊显灵时就会化作一位年轻姑娘，腰间系着一条火焰色的腰带，她头发乌黑，眼睛湛蓝，身材完美优雅，维纳斯也比不上她的美丽。

她极少出现在凡人面前，于是她的塑像便安稳了人们的渴求之心。只有一位雕塑家得以注视她的无穷魅力，运用其全部艺术技巧，按照他心目中膜拜的对象，塑造出一个令观者心仪的塑像。

在所有供奉其神坛的地方，女神最爱的城市莫过于巴黎，塞纳河在宫殿宽阔的平台边缓缓流过。她的圣殿建在一座用战神名字命名的著名小丘上，建筑的基石是一整块巨大洁白的大理石，四周有数条长达百级台阶的通道。在那块神圣岩石下面的深处有一些神秘的房间，在那里艺术拷问自然，艺术要使自然屈从于它的法则。在那里，一双双巧手控制着空气、水、铁和火焰，进行着分解、化合、粉碎、混合等工作，他们获得的成果是普通人无法理解的。

·因此，在注定辉煌的历史时刻产生了伟大的创造：这些无名的创造者们甘于默默工作，因为他们的快乐在于拓展了艺术领域，为人类带来新的福祉。这座圣殿简洁雄伟，是一座无与伦比的建筑丰碑。它的圆屋顶由一百根东方碧玉石柱托起，象征着苍穹。

我们将不再详细描绘圣殿的模样，只需提及山墙上的装饰雕塑以及环绕四周的浅浮雕就足够了。它们因纪念那些给人带来有用发明的人而显得神圣，这些人发明了人们所需的火、犁之类的东西。

圣殿内距离屋顶较远的地方立着一尊女神的立像，她左手扶着一个炉子，右手伸出来把恩惠赐给人间。她头顶上方的华盖是水晶制成的，由八根同样的柱子支撑着，时常沐浴在闪电之光中，圣殿里便呈现出一种神圣的气氛。

膜拜这位女神的仪式很简单：每当太阳升起时，祭司们走进圣殿，将塑像上的花环取走，并换上一个新的花环，与此同时他们吟唱圣歌，赞美女神带给人间的恩泽。十二位祭司中由最年长者担任主持，这些祭司都是从最聪明和最公平的人当中选出来的，只要这两项占优势，其他条件只要一般就可以获胜。他们的年龄都不小，但都没有衰老的痕迹，这是因为圣殿里的空气使他们青春长驻。一年当中的每一天都是女神的节日，因为她每天都不遗余力地为人类造福。但有一个日期比其他任何一天都更神圣，这一天是9月21日，即美食庆典日。

在那个庄严的节日里，巴黎城一大早就开始笼罩在一片香烟缭绕之中。人们头戴花环，唱着女神颂歌涌上街头，人们有的用爱称，有的用尊称相互打着招呼。人们的心里充满着爱，空气里充满着和谐的气氛。大家尽情呼吸着爱和友谊的空气。在这一天的最开始，人们纵情欢乐，然后到了规定的时刻，大家来到圣殿，里面已经准备好了圣餐。

在这最神圣的殿堂里，在女神的脚下，摆放着两张桌子，一张是给祭司们准备的，另一张是给一千二百位善男信女们准备的。这两张桌子庄严而华美，上面陈列的物品有些甚至在王宫里也难以见到。

祭司们迈着舒缓的步伐，神情专注地走了过来。他们身披纯白色的羊毛织成的袍子，袍边是深红色的刺绣。红光满面而又慈祥可亲的祭司用深红色的腰带束紧袍子，他们互敬问候之后便坐了下来。

这时，那些身穿细亚麻布服装的仆人们开始为他们摆上宴席的第一道菜。这些不俗的准备让客人们大快朵颐，凡是端上来的菜没有一样不是精挑细选的。它们都是用料考究、加工技艺精湛的艺术精品。

这些年长的就餐者是这里的权威。他们谈话语气平静有力，内容涉及自然的神奇和艺术的力量。他们咀嚼的动作舒缓而恬静，每嚼一口，仿佛都有所强调。如果他们偶尔用舌头舔一下油光发亮的嘴唇，那道菜的烹制者就会因此获得长久的荣耀。

一杯接一杯的美酒与宴席也十分相配，十二位侍女专门负责斟酒。她们是由艺术家和雕塑家组成的选美班子精心挑选出来专门负责这一天的工作的。她们身穿的古代雅典服装，更烘托出她们的美丽，显得朴素而不寒酸。

当那些纤细的巧手把人间的仙酒为客人满上时，这些祭司并不假装把眼神躲开，相反，他们带着欣赏的眼光审视这些造物主绝妙的杰作，一边欣赏，一边皱着眉头以保持清醒、理智的头脑，他们道谢、饮酒的态度也表现出某种暧昧。

各国的国王、亲王以及社会名流们绕着那张神奇的餐桌往来穿梭，他们一边走一边静静地认真打量着眼前的新鲜事物，他们来这里就是为了接受关于如何吃的高雅艺术的教育。这项艺术在他们的国家里至今仍不为人所知。

当这一切在圣殿里进行的时候，餐桌边的客人们开始尽情享乐。他们欢乐的主要原因是男人们此时不必只与自己最熟悉的女人坐在一起。这是女神的旨意。

在那些被选择并召集到这张大桌旁的人中，既包括为这项艺术的发展做出贡献并把法国好客精神发扬光大的人；也包括那些为使大家生活更舒适而促进吸收新鲜事物的时尚先锋们，还包括那些自己富足而又愿意帮助穷人的慈善家。

餐桌被摆放成一圈，中间空出一块很大的场地可供上菜和观摩之用。在这里，客人们有可能亲眼看到来自世界上最偏僻角落的食物。

餐桌上摆放着大自然为人类创造的令人称羡的宝贝，这些珍品再经过搭配和组合，身价又成百倍地增加了。此外，厨艺的花样翻新也使人搞不清本地的与外来的区别。空气中飘着美食的香气，令人心驰神往。

与此同时，男仆们干净麻利地绕着圆桌不断给客人的酒杯中斟酒，酒杯一会儿充满着红宝石的光泽，一会儿又带有黄玉那种质朴的色泽。

从圆屋顶附近的顶层楼座中，不时传来音乐家们简洁而引人入胜的旋律，使整个殿堂与之产生共鸣。

这时，食客纷纷抬起头来用心倾听这美妙的旋律，一时间人们停止了交谈，以期休息之后恢复更大的魅力。这种上天赐给人们的崭新礼物似乎具有令人倍感清爽和兴奋的功效。

在充分享受了美味佳肴之后，十二位祭司来到众人当中，与大家一起庆祝这美好节日，他们像东方圣贤一样饮用摩卡咖啡。这种香气扑鼻的饮料在金杯里冒着热气，从圣殿里走出来的祭司助手端出糖来让大家放进咖啡杯中。最富有魅力的还是那些姑娘，不过在这神圣气氛的影响下，在场没有哪位女士心中会产生一丝一毫的妒忌之情。

最后，最高祭司开始吟诵赞美诗，人们也都跟着吟唱，一旁有乐器伴奏着。人们向上天表达了衷心的敬意，仪式便结束了。

这项活动标志着大型宴会的开端，因为不使人们欢娱便不称其为节日。宫殿前、广场上以及大街小巷里都摆满了一眼望不到头的餐桌。人们随意坐在某个地方，而不在乎等级和年龄的差别，人们相互击掌、互致问候。每个人都会帮助旁边的人，每张脸上都洋溢着幸福的神情。

虽然这个大都市此时此刻只不过是一间大食堂，人们的慷慨好客显示了物质的丰足，但政府始终清醒地控制着民众，使他们狂欢却不至于出现越轨行为。

很快传来了轻松、活泼的音乐，它在召唤大家翩翩起舞，这尤其为年轻人所喜爱。圣殿的大厅宽敞高大，地面铺着上好的地板。人们尽情欢乐，有人在跳舞，有人在一旁加油喝彩，还有些人远远地观望。欢笑声也感染着大厅里为数不多的老者，他们心里也燃起激动的火焰，向身边的美女大献殷勤；但人们对女神的热烈崇拜似乎能原谅一切事物。

夜已经深了，狂欢还在继续。到处都是欢乐的人群，然而催促大家休息的钟声还是敲响了，狂欢者们满怀一天的喜悦，纷纷回家睡觉，憧憬着这一天将给一整年带来好运气。

下篇：饕餮奇遇记

过渡篇

我一直试图引导读者跟随我的写作思路来进行阅读。如果我能唤起并保持读者的注意力，他们一定会发现我所坚持的双重目标：其一是确立美食学的理论基础，以使其独立于科学之林；其二是给美食学下一个定义，并据此一劳永逸地区分享受美食与暴饮暴食这个常常让人迷惑不解的问题。

吹毛求疵的道德家首先制造了语义学上的混乱，他们满怀热情力图揭示智慧带来的无限快乐，然而人类创造的财富不应该被践踏于脚下。此后，这种混乱被无知而又孤僻的法学家进一步阐释和传播，他们盲目地给美食学下了一个定义，然后将其奉为金科玉律。

是该到纠正这个错误的时候了，现在所有人都知晓美食学与暴饮暴食的区别；假如有谁被人称作贪吃或者暴饮暴食，简直就是一种侮辱。

基于上述两个基本目标，我在本书中所写的内容一定能说服除少数冥顽不化的人之外的大多数读者。因此我尽可以放下手中的笔，宣布我已经完成既定的任务。但在研究这项与人类生活息息相关的课题时，我意识到还有不少东西值得记录在案：比如那些至今还不为人知的奇闻逸事、本人亲耳听到的俏皮妙语和与众不同的菜谱。

由于我的理论分散于著作的各部分，可能破坏了它本身的连续性，但经最后整合，我相信它会给读者带来愉悦，文章不但自身有趣，而且还蕴含了大量的亲身试验和理论实践。

正如在前言中所强调的，请允许我采用适度自传的形式，这样可以避免惹来争议。写这一部分内容时，我已经得到了适当回报，我又可以跟朋友在一起了。当我的人生飘摇不定的时候，朋友们总是和我在一起。

但不可否认，在阅读许多富于个人色彩的文章时，我感到了一丝忧虑。这份担心源于我最近的阅读，而且有关的评论在大家的手上都可以看到。我担心心存恶意的人会寝食不安，不停埋怨："这个教授自称与人无害！这个教授总是自吹自擂。这个教授……这个教授他……"

对此，我提前给予答复，以免让自己受到攻击。一个不说别人坏话的人至少有权拿自己开涮；作为一个与世无争的人，我也不应被剥夺了这项权利。

基于此，我相信自己完全可以在哲学家的长袍下安然入眠。对那些依然挑剔的人，我要把他们称作睡眠障碍者。"睡眠障碍者"是一种新的侮辱，我简直可以为此申请专利，因为是我第一个发现这也是一种党同伐异的方法。

神父的煎蛋

　　二十多年来，所有人都公认 R 夫人一直保持着巴黎美女的桂冠。此外，她也有一颗乐善好施的菩萨心肠，并一度致力各种消除贫困的活动。要知道，贫困潦倒在首都更能被真切地感受到。[①]

　　一天，夫人约见神父商议有关事宜。她们定好下午 17 时见面，她

──────────

① 有些人的需求不为人知，他们非常可怜。公平地讲，巴黎人是天生的慈善家，总是准备着发放救济品。有一年，我每周都为一位上了年纪的老修女提供一些救济金。她住在六层的小阁楼上，下半身瘫痪。幸好邻居们都纷纷向她和一位看护她的姐妹伸出援助之手，她才得以存活下去。──原注

按时赴约，惊奇地发现他已经在用餐了。勃朗峰大街的居民都认为巴黎人 18 点吃饭，她不知道神父们的晚饭通常都很早，因为他们有晚上吃夜宵的习惯。

R 夫人想抽身离席，但是神父恳请她留步。也许神父认为谈话内容并不妨碍他享用晚餐，也许没有人会主动拒绝一位美女的作陪，抑或因为他觉得与人交谈更能使他大快朵颐。

神父的桌布一尘不染，水晶酒瓶里的陈酿闪闪发亮，精选的白瓷餐具质量一流，饭菜用开水加热保温，一位着装整洁的女仆站在一旁静候吩咐。

这餐饭体现了节俭与精致的和谐统一，一碗小龙虾汤喝毕，桌子上还留有一条鲑鱼、一个煎蛋和一份沙拉。

神父微笑着说："我的晚餐可能暗含了一些你没有意识到的事，按基督教的规定，今天是斋戒日。"我们亲爱的女客点头表示赞同，但我们肯定能发现她脸红了，但并没有影响神父继续用餐。

他开始吃鲑鱼，并且几乎吃完了整个上面的一侧，鲑鱼汁的做法堪称大师级，从神父的眉宇间可以看到他内心的满足。鲑鱼消灭后，神父开始向煎蛋发起攻势，那是一只浑圆、丰满、烹制得恰到好处的煎蛋。一勺下去，浓浓的肉汁、诱人的颜色、可人的香气就从煎蛋中飘溢出来，弥漫在整个房间，我们的美女客人简直都要流口水了。

R 夫人的反应当然没有逃过神父善察人意的眼睛，仿佛是回应 R 夫人欲问还休的询问，神父说道，"这是一份金枪鱼煎蛋，我的厨师厨艺精湛，尝过的人无不交口称赞。"这位来自安坦大街女宾客说道："我完全同意，这么诱人的煎蛋真是人间难得的美味。"

接下来上的菜是一份沙拉。（在此，我向所有信任我的读者推荐沙拉，它既能提神又不伤身体，既镇定调和又没刺激性，我常把它称作青春恢复剂。）

神父一边吃晚餐一边和客人聊天，话题不外乎最近的战局、当天的热点、教堂的希望等，这些餐桌话题足以把一顿不好的晚餐变得赏心悦目，也会给一顿丰盛的晚餐锦上添花。

餐后甜点如约而至，包括塞蒙瑟尔奶酪、三个卡尔维尔苹果和一罐蜜饯水果。

这时女佣拿来一张小圆桌，桌上放了一杯摩卡咖啡，房间里顿时香气四溢。神父轻轻抿了一小口，优雅地从椅子上站起来说："烈酒是我用来招待朋友的奢侈品，我自己从来不喝。也许将来等我老了，我会再喝那些烈酒，希望老天发发慈悲，眷顾我能多活几岁。"

时间静静流逝，时钟已经敲响，18时整。R夫人赶忙回到她的马车上，因为那天她还邀请了几个朋友一起吃饭，其中就包括我。她一如既往地迟到了，仍然深深沉浸在她刚才的所见所闻里。

整顿饭没谈别的，她一直在说神父的晚餐，尤其是那道金枪鱼煎蛋。R夫人特别赞美了煎蛋的颜色和形状，在座所有人都一致同意那是一顿精致的晚餐。每个人都在脑海里勾勒出一幅完美的视觉形象。

这个话题终于讲完了，当说起其他事情来，我们就把它抛到脑后了。但是作为一个热衷于传播真理的人，我认为将脑海中虽模糊但可口的菜肴完整地再现出来是我的责任。因此，我吩咐自己的主厨找出这道菜的细节。现在我就把它提供给各位美食爱好者，此前我还从没在任何烹饪书上见过这个菜谱。

金枪鱼煎蛋菜谱

以六个人的量备料。

先准备两个柔软的鲤鱼卵，洗净，然后在煮开的淡盐水中煮五分钟；

然后准备一块新鲜的鸡蛋大小的金枪鱼肉，将小块青葱切片；再将鲤鱼卵与金枪鱼肉切碎并搅拌，然后放入平底锅，再在锅里洒点优质黄油，然后加热至黄油完全融化，添加黄油的目的就是给煎蛋提味。

接着再拿出另外一块黄油，加入欧芹和香葱，倒入盛放煎蛋的鱼形餐盘里；然后取出一枚柠檬，将柠檬汁挤出并且滴到餐盘里，放到火上煎制。再接下来打十二枚鸡蛋（越新鲜越好），放入刚才炸好的鲤鱼卵和金枪鱼里，搅拌均匀。

然后用通常的做法尽量把煎蛋做得又长又厚又软，做好后小心地把它夹出来放在前面提到的盘子里，然后趁热趁新鲜的时候立即食用。这是一道特别的早餐，当偶遇那些有经验且懂得细细品尝的人时，如果再有点儿老酒的话，那就再美好不过了。

提示：

（1）鲤鱼卵和金枪鱼肉须用文火煎烤，而不要煎得发黄发硬，否则就很难和煎鸡蛋混合了；

（2）餐具必须是凹形的，以便于盛汤，并用勺子喝汤；

（3）餐具应该稍微加热，如果很凉的话瓷器会吸收煎蛋的热量，从而影响菜品味道。

肉汁鸡蛋

有一天，我陪同两位女士前往默伦。我们出发得不算太早，但是到默伦的时候已经感觉很饿了，所以胃口大得惊人。不过饿也没招儿，我们下榻的旅馆虽然看起来干净整洁，但是所有商品全部售罄了：先到的三辆马车和两辆邮车已经贪婪地消费了一切，就像古埃及的蝗虫过境一样，厨师这样解释。

然而我看见一把烤肉叉在炉火上翻转，上面穿着一根大大的羊腿，女士们都垂涎欲滴地看得愣了神。哎呀！肉叉突然被取下来扔在一边，原来烤羊肉是三个英国人带来的，他们正手拿香槟坐等羊腿烤熟呢。

我半恼怒半恳求地说："至少我们能蘸着肉汁把这些鸡蛋烤熟了吃吧？仅此而已，外加一杯奶油咖啡，我们就求之不得了。"主人回答说："那是自然，肉汁本是我们自己的。我可以马上按你说的办。"于是他开始打鸡蛋。

他正忙的时候，我向火堆方向靠了靠，从口袋里拿出一把旅行用小刀，在大块肉片上深深地割了十二刀，足以流干它最后一滴肉汁。

与此同时，我也小心仔细地协助他们烤鸡蛋，一边担惊受怕，唯恐我的计谋被发现。他们刚刚烤好肉，我就赶紧端着盘子跑回到我和同伴的房间里。

我们美美地享用了这些鸡蛋，想着其实是我们真正吃到了羊肉的精髓，而那些英国朋友只是在咀嚼毫无价值的羊肉残渣，禁不住开怀大笑起来。

国家的胜利

在我旅居纽约期间，晚上常流连于一家小酒馆，店主名叫利特尔。该店早上有甲鱼汤供应，晚上有各式各样美国小点心可以品尝。

通常我会和马修长官、前马赛著名经纪人让—鲁道夫·费尔一起前往，我们都是背井离乡的游子。我们品尝着"威尔士兔子"[①]，喝着麦酒或苹果酒，伴着温柔的夜色，谈论着我们的欢乐、忧愁以及对未来的憧憬。

在这个小酒馆里，我认识了牙买加的种植园主维尔金森先生以及他的一个好友，那人总是陪在维尔金森先生的旁边。他是我见过的人中长相最奇特的一个：四方大脸，眼睛有神，时刻都在仔细观察周围的一切，但他从来不讲话，面无表情像个盲人。只有听到一些俏皮话或者玩笑时，他脸上的表情才稍微轻松些，嘴角像喇叭口一样地咧开，发出一种像在大笑般的拖长的声音。我们熟悉这种声音，马嘶声在英语里被称作"马在笑"。当一切恢复平静后，他会再次陷入一贯的沉默中，就像一束阳光瞬间穿过云层。维尔金森先生大约有五十岁的样子，举手投足间都很绅士。

这两个英国佬好像很喜欢我们，已经不止一次地来分享我用来招呼两位朋友的物美价廉的食物。有一天晚上，维尔金森先生坐到我的身边，正式宣布他要邀请我们三个共赴晚宴。

[①] 威尔士兔子是一种奶酪吐司的反讽式英语说法。这种调制肯定不如兔肉美味，但它能使人口渴，使酒尝起来更鲜美，是一种很好的聚会用点心。——原注

谢过他之后，我相信自己居于老大的地位，因此我代表所有人接受了他的邀请，聚会就定在第二天下午的3点。

当晚正当我要离开酒馆时，侍者把我拉到一边，告诉我说牙买加人预订了一桌上等晚宴，他们尤其叮嘱备办酒水，因为他们把此次宴请看作一次酒量的挑战，那个大嘴男人还说他最大的愿望就是亲自把我们这些法国佬喝到桌子底下去。

这个消息足以让我回绝这次晚宴，在我一生中已避免了许多类似的狂饮，但这次已经来不及了。英国人肯定会把我们怯阵的消息散布得满城风雨，说他们一出现我们就望风而逃了。尽管非常清楚这顿饭的凶险，我们还是谨遵萨克斯元帅的格言：瓶塞已拉起，我们准备喝这顿酒了。

我并非一点儿疑虑都没有，但至少不是为自己担心。比起我们的东道主，我自忖更年轻力壮有活力，相信自己的身体既然在以前每次饮酒中都安然无恙，这回一定会打败两个成天泡在酒杯里的英国人。

毫无疑问，相对另外四位参战者来讲，我肯定能脱颖而出成为优胜者；但即便取得这样的个人荣誉也会被同胞们的溃败所抹杀，我希望他们不要丧失尊严，总之我想此举关系到国家而非个人胜利。因此，我把费尔和马修叫到自己的屋子，就我的担心发表了严肃的慷慨陈词：我恳求他们每次都少喝一点儿，在我忙着引开对手注意力时，偷偷地把自己杯子里的酒倒掉。最重要的是，整个比赛过程要细嚼慢咽，慢慢地打开胃口，因为酒和食物混合会相互调节，酒就不会一下子上头了。还有我们计划先吃光一盘苦杏仁，听说苦杏仁有中和、醒酒之效。

经过一番未雨绸缪的准备，我们从精神及体力上都做好了准备。第二天下午1点我们来到利特尔的小酒馆，牙买加人已经在等我们了。待了一段时间，晚宴便开始了：一大块烤牛肉、一只烤火鸡、煮蔬菜、卷心菜沙拉和果酱饼。

我们开始法国式的喝酒法，也就是说酒从宴会一开始就端上桌来，上好的红葡萄酒，比法国产的便宜多了。因为最近运来了好货，上一批都卖不动了。

维尔金森先生是位谦恭的好主人，让我们自便，并且以身作则；他的朋友就像淹没在杯子里，一句话都没有，只是用眼角的余光打量着我们，咧嘴大笑。

我很满意自己的两个伙伴的表现：马修虽然天生饭量大，却像个挑食的女人一样翻弄着饭菜；而费尔已经成功地处理掉了好几杯酒，偷偷地把酒倒在桌子远端的啤酒壶里；而我自己，一直不紧不慢地应付着两个英国人。随着晚宴的持续进行，我的自信心也一点点地增加。

红葡萄酒过后是马德拉白葡萄酒，那酒我们没怎么喝。随后开始上餐后甜点，有黄油、奶酪、可可、山核桃果等。干杯的时候到了，我们为王国的强大、人民的自由、姑娘的美丽尽情地干杯。我们也为维尔金森先生的女儿玛利亚干杯，他向我们保证他的女儿是全牙买加最漂亮的女孩。

喝过葡萄酒，上的是烈酒：朗姆酒、白兰地、威士忌和黑莓白兰地。我们开始感到浑身发热，我怕喝这些烈酒，就点了五味酒。酒馆老板利特尔亲自拿了个特大号的碗来，显然是事先约定好的，碗大得足够四十个人喝的了，反正在法国我是没见过这种容器。

此情此景让我恢复了勇气。我吃了五六片黄油吐司后，终于感觉到又有力气了。继而环顾四周，我开始担心这件事怎么收场了。我的两个朋友还都清醒，趁着饮酒的间隙砸核桃吃。维尔金森先生脸色红彤彤的，神色焦虑，头发也软塌塌的了。此时，他的朋友依然保持着沉默，头上冒着热气仿佛一大锅开水，大嘴巴也像鸡屁股一样噘着，可以预见他们的惨败就在眼前了。

果不其然，维尔金森先生突然跳了起来，高唱他们的非官方国歌《保卫大不列颠》；但是没唱几句就没劲了，重重地瘫倒在椅子上滑到桌子底下去了。他的朋友见状狂笑不已，打算弯腰去扶他，不料也醉倒在他身边了。

情况进行得如此顺利，简直超出了我的想象，我心里的一块石头终于落了地。我立即按铃，利特尔随即走上楼来。我打着官腔说道："看看这些绅士们应有的下场。"我跟他干了最后一杯潘趣酒，不一会儿侍者来了，在他的帮助下，安置了这些躺在地上的对手，拽着脚把他们拖出去了①。维尔金森先生仍继续哼唱《保卫大不列颠》，他的朋友醉得像一摊烂泥。

第二天一早，纽约的报纸完整详细地报道了前天发生的一切，各大报纸纷纷转载。报道称英国人因喝酒聚会而卧床不起，我随后就去看望了他们。那位英国朋友因严重的消化不良而完全麻木了；维尔金森先生因在酒量大赛中患上痛风，不得不坐在椅子上。他好像注意到了这些报道，对我说："噢，尊敬的先生，你的确是个好伙伴。但对我们来说太能喝酒了。"

---

① 英语中该词组常用于死者或醉鬼。——原注

漱口陋习

我曾说过古罗马（竞技场的）大通道的风格与我们的精致风格是不相容的；但是现在看来那只是草率论断，我必须收回。

我的解释如下：四十年前有少数上流社会的人，以女士居多，习惯于饭后漱口。饭后在即将离开餐桌时，她们都转过头背向同伴，仆人们递过一杯水，她们喝上一大口然后迅速地吐到茶碟里，随后再由仆人悄无声息地端走。

现在一切全都变了。在傲慢成为流行时尚的家庭中，佣人会在甜点结束后端来一大碗凉水放到大家面前，在每个碗里又有一个盛满热水的高脚杯。然后，大家在众目睽睽下，把手放到凉水中清洗，用热水漱口，最后把水再吐到碗里或高脚杯里。并非只有我一个人在不断声讨这种既无用处又没品位、令人作呕的发明。

说它没有用处是因为一般情况下，客人懂得怎么吃东西，饭后不用漱口，嘴里就是干净的，早就被水果或者餐后甜点中的最后一杯酒给弄干净了。对于手，也没有什么东西可以把它弄脏，此外，难道每个人不会自己用纸巾吗？

说它没有品位是因为任何洗漱方式都应在洗手间之类的私秘场所进行，这已经成为不成文的法律了。

最重要的是这种做法令人作呕。再漂亮、再稚嫩的嘴，如果把它单纯用来作为排泄器官都会失去魅力，更何况一张既不美又不嫩的嘴巴呢？面对大量看起来没完没了、到处都是、奇形怪状的排泄物，简直让人无言以对。

这种夸张的洁癖跟我们的品位与习俗多么格格不入啊！一旦越过界限，我们也不知道如何停下来；我不知道接下来还会有什么所谓的洗净礼来欺骗我们。

自从出现了这种造型考究的时髦漱口碗后，我一直寝食难安。作为第二个先知，我反对这种怪异的时髦。还好我有着多年的旅行经验，故从不踏进此类饭厅半步，唯恐自己的双眼会触及令人厌恶的夜壶。[①]

---

① 众所周知，几年前英格兰的一些饭厅可以让男子方便而不用出屋，这的确是个奇葩的设计。但也带来诸多不便，一旦男人们开始喝酒，女士们都会选择离席而去。——原注

上当的教授，斗败的将军

几年前的报纸报道说有人发明了一种新型香水，采用的主要原料是忘忧草（或叫萱草）。萱草是一种球根状植物，散发着与茉莉花不同的宜人香气。

我生来好奇心重，又痴迷于散步。在这两个因素的驱使下，有一天我跑到巴黎近郊圣日耳曼去找寻那种香水，按土耳其人的说法，那是一种沁人心脾、扑鼻而来的香味。

作为一名资深鉴赏人士，我受到了热情接待。在一个储备很全的临时药店里，有个用纸包着的小盒，其上标示着内含两盎司珍贵水晶体。接过盒子，作为酬谢我留下了三法郎，这是为了与日益扩大其适用范围的阿扎伊斯赔偿法保持一致。

普通人也许会现场打开包装并揭盖闻香，但那不是行家里手所为，行家们通常会先打道回府，然后再慢慢享用。因此我就安心地回家了，美美地在沙发上端坐了好大一会儿，准备好了接受感官新体验。

我从口袋里拿出香料盒，打开包装纸，拿出三个小册子。小册子的内容都是有关忘忧草的，介绍了它的生长以及这种香料如何用于成药制剂和洗手间，或融入饭桌上飘荡的酒香或者加入冰淇淋中。我仔细地阅读了每一条介绍，以确保自己能完全对得起前面曾提到的花销，也为正确欣赏这一取自植物王国的宝贝打下基础。

然后我饱含敬意地打开盒子，想象着里面盛满香锭，但是天哪，幻想破灭了！最上面是我刚才已专心阅读过的三本小册子，下面的东西，事后想来可能就是两打我在巴黎郊外找寻到的小药片。

我闻了一两片，说实话香味很怡人；但这也让我后悔得要命，它们在数量上少得可怜，我越这么想就越觉得受到了欺骗。我站起身来，打算把盒子还给它的主人，哪怕对方拒绝退还我的钱。就在此时我看到杯子里自己满头灰发的倒影：我怎么能让别人嘲笑我的性急呢？我又坐下来收起内心的愤怒，就这样过了很久。

我的平静也出于另外一种考虑，这关系到该怎样看待药剂师这个职业。自打我四天前见过那个特别沉着冷静而且备受尊敬的同行就开始思考这事儿了。

亲爱的读者，来听一段逸闻趣事吧。今天（1825年6月17日）我讲故事的热情高涨，上帝保佑，可千万别成为公害啊！

那天上午，我去拜访自己的朋友和同乡——声名显赫的邦威耶将军。我看见他在房间里踱来踱去，情绪激动，手里攥着一份皱巴巴的纸，像是些诗词。"看看这个吧，"说着他把纸递给我，"告诉我你怎么看，对这种事你可是个批评家。"我拿过来快速地看了看，惊讶地发现那是份开药的账单，所以我是作为药剂师而不是诗人来给他咨询的。

"啊，我的朋友。"我说道，一边把单子还给他，立刻明白发生了什么事情，我建议他保持平静。"平静，"他粗暴地说，"这可不是开玩笑，你就要亲眼见到那个敲诈我的人了。我已经派人去叫他了，他正在来的路上，现在我需要你的帮助和支持。"

他的话音刚落，门就开了，一位五十五岁左右男子走了进来，他穿着体面，高高的个头，一副很尊贵的样子，但严肃的外表被他那向上倾斜稍带讽刺意味的嘴角冲淡了。

那男子穿过房间来到火炉旁，他拒绝坐下，我有幸听到下面的对话，并一直谨记于心：

将军：先生，你送来的账单的确是药剂师开出的，并且……

那个罪人：先生，我可不是药剂师。

将军：那么你是干什么的呢，先生？

那个罪人：先生，我是个化学家。

将军：非常好，化学家先生，你的儿子一定告诉过你……

那个罪人：先生，我没儿子。

将军：那么那个年轻人是谁？

那个罪人：他是我学生。

将军：先生，其实我想说的是你的药材……

那个罪人：先生，我不卖药材。

将军：那你卖什么？

那个罪人：先生，我卖药。

谈话就此结束，将军因自己的用词不当而脸红，在谈到自己所不熟悉的药品术语时败下阵来，一时间忘记了自己想要说的话，最后只好一分不少地付了账。

美味鳗鱼

从前有一个住在巴黎安坦大街的人，名叫布赖盖特，他从马夫发迹成为一个马商，并积攒了一笔小财。

他出生在一个叫作塔里修的小地方，并打算在那里过完余生。他娶了一个门当户对的厨师为妻，她给被誉为巴黎的"黑桃A"的舍弗南小姐做厨师。一有机会能在故乡的村子里赚钱，他都会紧紧抓住。1791年的下半年，他和妻子就居住在村子里。

当时，各辖区的神父每月照例见一次面，每人轮流做东家，为了传道、讨论有关教会的事宜。先是做弥撒，然后是讨论，接着是晚宴。整件过程被称为聚会，神父们在哪家往往是按计划行事，而且通常都提前做好准备款待教友。

这次轮到塔里修辖区的神父做东了，碰巧有人为他献上了一条上好的鳗鱼，足有三英尺长，是从清澈的塞纳河中捉到的。

能有这么好的一条鱼，他欣喜若狂。神父担心自己的厨师可能无法将这条鱼烹饪得令人满意，因此他想到了布赖盖特夫人。他表达了自己对她那精良手艺的仰慕，以及自己非常荣幸地请到了大主教来赴宴，所以他乞求她帮忙为大主教准备这顿饭。

她的性格温顺，一口答应说很愿意按他的要求去做。她自己有一个小盒，里面装着罕见的调料，这是受雇于前任女主人时使用的。鳗鱼被精心地烹制，按约定的做法，形状保持完好，闻起来香喷喷的，尝一口，难以形容它的美味，一会儿就被一扫而光了，从内到外被吃得干干净净。

餐后甜点的时候，也就是神父们开始谈话时，开始骚动起来。这是由于物质追求战胜了精神信仰，他们的谈话也开始活泼起来。

这边有人谈论大学时的恶作剧，那边有人跟邻座咬耳朵散布谣言。总之，整个谈话变成了罪恶的交流，然而更难以置信的是他们都满怀欢喜地没有意识到自己的邪恶，不知不觉鬼话连篇。

聚会很晚才散，我的个人信息没有记录那天的更多细节。但是接下来的集会，当这些客人再一次聚到一起的时候，他们为自己曾经说过的事感到丢脸，极力为他们自责不已的罪恶寻找借口。最终，他们都归咎于那盘鳗鱼，坦承那是难得的一道美味，他们无一例外地认为，第二次再去考察布赖盖特夫人的厨艺是不明智的。

我曾枉费心机地去询问那种调味品究竟是什么，竟能产生如此奇妙的效果，使所有人都很兴奋。事实上并没人抱怨调料是有害的或有腐蚀性的。

这位大厨声称那都归罪于过于鲜美的小龙虾甜椒汁，但我敢肯定她没全说实话。

美食陷阱

朗雅客爵士曾经很富有，但是不久家产就被这位英俊而有钱的男人挥霍一空。

他只好打点行囊离开巴黎前往里昂，在少量政府津贴的帮助下，他在当地的上层社会圈子里倒也过得很惬意，以往的教训已经教会了他如何节制地生活。

虽然他依然会向女士们献殷勤，但现在并不在她们面前主动出击了。他喜欢跟她们打牌，也擅长各种常玩的游戏，但是总是以一个男人的冷静心态看紧自己的钱包，而非一味讨好她们。随着其他兴趣的减弱，他对美食的追求依然高涨。据说他曾以美食为业，是个不错的餐桌伴侣，因此不断收到邀请。

里昂地理位置优越，是一座美食之城：不但有来自波尔多、赫米蒂奇、勃艮第的葡萄酒，周边山区的猎物也挺多，还有产自日内瓦湖和布尔歇湖里的鱼。美食家们更是对这里的布雷斯飞禽心驰神往，里昂就是其主要的销售市场。

朗雅客爵士总会在城里最好的餐桌旁有一席之地。他最喜欢 A 先生，一个富有的银行家和杰出的美食家。爵士与他的友谊早在求学时代就结成了。爱嚼舌头的人（那里四处都是）却把它归功于 A 先生的厨房，厨房由拉米尔最能干的学生掌管。拉米尔可是那时久负盛名的厨师啊。

1780 年冬末，朗雅客爵士收到了一封来自 A 先生的信，邀请他十天以后去共进晚餐（因为那时候仍然有晚餐的习俗）。在我的私人回忆录里还记载着他欣喜若狂得有些颤抖，认为届时会有隆重的仪式和最高规格的盛宴。

当天下午4点钟，他如约前往 A 先生家，发现客人们已经到齐了，一共十个人。所有人都很高兴，因为他们都爱好美食。那时"美食家"这个词还没从希腊引入，至少不像现在这么常用。

过了一会儿，丰盛的晚宴开始了，大块烤牛排、调料丰富的原汁鸡块、让人垂涎欲滴的小牛排，还有一条烹调得恰到好处的鲤鱼。一切都那么完美，但是无法言表。由于受到盛情邀请，爵士眼中泛着希望。

他又被另一个怪现象弄迷糊了：这些客人平常胃口都不错，但是当时或者一点儿不吃，或者就动几口；有人头痛，有人着凉，有人很晚才用餐，其他人也一样。爵士对这种奇怪的场面惊诧不已，一晚上这么多跟晚宴唱反调的人聚到一块来了，一定要扭转局面，他觉得这是自己义不容辞的责任，于是他开始了勇敢地反击，拿起刀叉尽量大吃大喝起来。

第二道菜也是丝毫不逊色：一只克雷米大火鸡恰如其分地点缀着一条蓝色的狗鱼。多加了六盘其他菜，在其周围摆放，其中通心粉干酪是最引人注目的。有了这些尤物，爵士感到自己又有胃口了，而其他客人都仿佛奄奄一息没实力了。喝点儿酒提提神，在那些软弱无能的客人面前他可得意了，一杯接一杯地跟他们干杯，也吃了不少狗鱼和火鸡屁股上的肉。随后的配菜倒是很受欢迎，他继续兴致不减地吃着，直到宴席上只剩下一块奶酪和一杯马德拉白葡萄酒，因为爵士对甜品从不感兴趣。

至此，我们发现对他来说今晚有三件怪事：第一，如此完整的酒宴；其次，除了他之外所有的客人都不感兴趣；第三，奇特的点菜顺序。然后，仆人们不再上菜，而是把桌子上的东西都清理了，亚麻布以及碟子都撤掉，为客人们换上了新的餐具，并摆放了四盘新的主菜，那个香味都可以飘到天堂上去了。

那是用小龙虾汁调制的甜面包、柔软的松露、诱人的脆皮狗鱼、添加了栗子奶酪的鹌鹑翅。就像古代阿里奥斯托的老魔术师，用暴力占有了少女阿米达却无力羞辱她。爵士看到这么多好吃的，他已经无力再享用了，他甚至开始怀疑主人的居心。

与此同时，其他客人却都精神抖擞、胃口大开，头也不痛了，嘴巴大张，现在轮到他们跟筋疲力尽的爵士敬酒了。尽管如此，他的脸色还没有很难堪，准备忍受这场暴风雨的洗礼；但是当他吃了第三口菜后，就开始肚子痛，实在吃不下去了。他努力让自己保持镇定，借用音乐术语来说，他在标记时间。

想想第三次换菜时他是什么感受吧，看着端上来的几十只鹬，雪白的油脂，各式各样的吐司片，外加从塞纳河边捉到的野鸡（那时候是一种罕见的鸟），一条鲜美的金枪鱼，馅饼以及一些辅菜，都是平常难得见到的美味！

他竭力思考了好一阵，依然坐在椅子上徒劳地挣扎，面临着即将在战场上壮烈牺牲的境地。这样做是对还是错，这是他的第一个反应，但是不一会儿，自我主义涌上心头。他想，在这种情况下审慎并不是懦夫的表现，因消化不良猝死反而可笑，无疑不久以后有的是机会对今天的绝望给予补偿。因此他不再犹豫，扔下餐巾对银行家说："先生，作为绅士你不应该揭朋友的短。你背叛了我，我再也不想理你了。"说完，他离席而去。

他的离席而去并未引起多大骚动，这说明这时一个预谋已久的计划：让他面对美味佳肴，却不能享用，大家都对这个秘密心照不宣。爵士生闷气的时间远比我们预计的要更久，为了平息他心底的怒气，他可是花费了一番气力。最后，他还是在花园里的鸟开始鸣叫的时候他又回到了餐桌旁。等到主人再次上松露的时候，他已经把前面的不快忘记得干干净净了。

比目鱼

　　全巴黎关系最融洽的一对夫妻争吵了整整一天。时间是一个星期六，事由是为了如何烹制一条比目鱼，争吵的地点在那个名叫维尔克来恩的小村子里。

　　据说那条鱼是准备次日用来宴请好友的，也包括我在内。这条鱼又鲜又肥，可以想象肯定很好吃。但是它个头好大啊，所有容器都装不下，更别说怎么烹饪了。

　　丈夫说："那我们把它切成两半吧。""怎么能这样亵渎这个可怜的生命呢？"妻子回答说。"亲爱的，这是实际需要嘛！我们也别无选择，来，把刀拿过来，一会儿就搞定了。""等等，亲爱的，我们有的是时间，此外，我堂兄要过来了，他是个教授，我保证他一定能帮助我们想出办法的。"

"教授，帮我走出困境吧……"说实话，他不怎么信任那个教授，而我就是那个教授！

正当这条鱼命中注定要以亚历山大的方式被截成两段的时候，我及时赶来了。往往在旅途过后食欲大增的我，在闻到它的香味后会更有胃口，当时已经晚上7点多了，大家都准备好把鱼煮了共享美味呢。

我到达之后，本想大家能互相客套一阵呢，没想到白费心机了，原因是根本没人听到我的问候。但是，不久大家提的问题有趣得像二重唱，最后演唱者们以沉默告终。堂妹眼巴巴看着我，好像在说"我希望能找到一个办法"。她的丈夫脸上傲慢的表情好像已经提前预知到我必败无疑，这时候他左手已经扶到菜刀上准备行动了。

我用低沉而神秘的语气庄重地说："这条比目鱼可以保持完整，直到正式出锅的那一刻。"他两人脸上原先的表情顿时消失，极度诧异地看着我。

我确信自己肯定能成功，就算最后没辙了，我还能把它放到烤箱里烤呢，那太容易了。此时此刻我保持内心的平静，一声不响地改造着厨房。现在我是主事人，堂妹和堂妹夫像随从一样在旁边侍候，仆人们也忠心不二地信任我，厨师也给我打下手。

前面两个房间里没有我需的东西，但是当我来到碗碟炊具室，一块铜板立马引起了我的注意。铜板有些小却被牢牢地安在火炉上，我立马想到了它的实用价值，转过身信心十足地大喊："放心吧，比目鱼可以整个做了，我们可以用蒸气烹制，现在就在这儿开始吧！"

虽然已经到晚饭的时间了，我却立即把大家调动起来投入工作中。这时有人把火点着了。我用有五十个瓶子容量的箩筐编了个围栏，尺寸与大鱼相当。在围栏里先铺上一层树根和香草，然后把已经洗净、晾干、腌好的大鱼放在上面，再在上面铺上一层调料，然后把围栏及其里面装的东西放在铜板上，铜板里注了一半水，然后罩上一个小浴盆，周围堆满干沙，以免让蒸气跑掉。不一会儿，水就煮开了，浴盆里充满了蒸气，每半小时排一次气，这时把围栏从铜板上拿下来让比目鱼翻个身，它看起来又白又光鲜。

准备工作完成了，我们迅速围坐在餐桌旁；时间已经不早了，刚才的劳动更增加了大家的食欲。似乎又过了很长时间，我们迎来了欢乐的时刻，就像荷马所云：丰富多彩的食物驱走了饥饿。

开餐的时候，尊贵的客人们还没有到齐，比目鱼就端上桌了，所有人都因其完整无缺而感叹。于是，主人开始描述那不可思议的独到的烹制方法，人们开始夸奖我想出了这样的好办法及其绝妙之处。细细品来，大家一致认为鱼的味道棒极了，这比用普通的鱼锅煮出来的好吃多了。

因为做鱼的时候并没有让它浸泡在水中，所以不仅自身的养分没丢失，它还很好地吸收了调料的味道，大家才因它的美味而惊叹不已。

我的耳边充斥着赞不绝口的溢美之词，我的眼前是狼吞虎咽的食客，心里禁不住连连窃喜。我能感觉到拉巴斯将军的心里正美滋滋的呢，他每吃一口都满是欢笑。神父出神地坐在那儿，伸着脖子盯着天花板看。那两个学者是我的同伴，他们都是颇有见地的美食家。一个是奥格先生，是个口碑很好的作家，他的眼睛闪闪放光，一副容光焕发的样子；另一个是威廉曼，他坐在那里，头向前倾，下巴西斜，俨然一个聚精会神的听众。

所有的一切都值得我们铭记。因为几乎大部分农家都有我用来做鱼的那套设备，而且不论什么时候想煮些难处理的或是形状超大的食物，那些工具都是可以拿来用的。

然而读者们可能没听说，通过这次伟大的尝试，我会把这一做法发扬光大，让它更普遍、更实用。

蒸气的性能众所周知，它的温度与产生它的液体的温度一样，密度稍一增大，温度就会上升好几度，只要不向外界扩散就会持续升高。基于以上原理，在相似的条件下，在我的实验中，增大用作盖子的浴盆容积的方法很简单。例如，可以用一个大尺码的空桶代替，也能用蒸气煮熟，而且更快更易行。可以是蒲式耳的土豆块，各式各样的根茎类植物，其实任何一种能放在围栏里用桶盖住的东西，无论是食用的还是喂牲口的都可以煮熟，而且只需煮沸二十加仑水所用时间的六分之一及六分之一的燃料。

我认为可以充分利用这种简易装置，只要家里有大铜板即可，不论你是住在城里还是住在乡下。正是出于这个原因，我才把它描述得如此详细，以供大家学习和应用。此外，我想进一步指出这种蒸气能源的潜力还没有充分被开发，我诚挚地希望，将来有一天社会进步促进会能把我的想法推而广之，并将其用于农业领域。

附记

有一天，我参加了一次在和平大街 14 号召开的专家委员会的会议，我回顾了蒸气比目鱼的故事。我刚一讲完，左手边的人转向我，用责备的口吻说："当时我不在场吗？我还一直支持着你。"

我回答说："当然记得，你就挨着神父坐，而且摆出一副批评的架势呢，你不记得啦……"

这个原告就是洛兰先生，一个很有名的美食家，同时它也是个和蔼、睿智的金融家。他曾在港口快速地估测出风暴的大小，因此深受上层人士尊敬。

228

三个增强体质的食疗处方

食疗处方一

将六个大洋葱、三根胡萝卜、一把欧芹,切成小块,放点儿新鲜黄油,倒入有盖的蒸锅里加热翻炒成金黄色。

上述的食材备好后,加入六盎司白砂糖、二十粒粉末状的琥珀、一片烤面包片、三瓶白水,煮四十五分钟;然后续水使水量保持恒定。与此同时,宰杀一只老公鸡,收拾干净,加入两磅上好牛肉,用铁棒把鸡肉和骨头在研钵里敲碎,这样把两种肉混合在一起,加入足量的盐和胡椒,放在有盖的蒸锅里大火煮,不时地在里面添加新鲜黄油,以便这些肉煮熟、煮烂。

当煮至金黄色时,也就是说把肉香质炖了出来后,这时把煮肉的清汤从第一个蒸锅里过滤出来,倒在第二个蒸锅里。然后一点点地全倒出来,大火煮四十五分钟,注意随时往里添加热水以保持总量不变。这道菜就算大功告成了,你可以绝对相信,即使是因病而很虚弱的人的胃也能很好地吸收和消化这道菜。

食用方法如下:第一天,每三小时喝一杯,直到病人晚上上床睡觉;然后接下来的每天早晚各一大杯,一直喝完三大瓶。如果病人此时已经开始吃清淡而有营养的食物,比如鸡腿、鱼、水果、蜜饯等,就不必再重复上述处方了。第四天,病人将会恢复日常活动,未来的日子需要生活更在意一些。

即使不加糖和琥珀,炖出的汤也会别有风味,足以用来做晚餐招待美食家。如果用四只老山鹑代替老公鸡,用等量的羊腿替代牛肉,这道菜的味道也丝毫不会削减，同样美味可口。

加水前把肉剁碎然后过油炸，这个方法适合时间紧张的状况，用这种方法处理过的肉比用水煮可达到的温度更高，因此无须慢炖六个至八个小时，尤其在乡下做饭，这是常有的事。这样就可以煲好味道鲜美的肉汤了。相信这个配方一定会让教授声名远播。

食疗处方二

众所周知，虽然琥珀可以被用作香料，但是对于那些神经敏感的俗人来说可能并不好；内服的话，还是一种极为有效的兴奋剂。我们的祖先常把它用来做菜，但从没发现有什么副作用。

我听说黎塞留特别爱吃琥珀止咳糖。对我而言，每当感到年龄增长而渐渐力不从心，每当做任何思考都变得吃力，并且有某种不知名的力量挑战我的感官的时候，我就在浓咖啡里加点琥珀与糖并搅拌均匀，琥珀会凝集成豆粒状小块，这样处理之后咖啡尝起来鲜美极了。通过这种滋补方法，令我的思维开阔，生活变得更轻松，既达到了提神醒脑的效果，又避免了咖啡带来的失眠作用。

食疗处方三

处方一是专门为身强力壮、体格好的人设计的。一般来说，要是他们身体垮了，多半是由于劳累过度。

我曾经调制出一种配方，口味更佳，效果也更好，专门提供给那些体质不佳、性格软弱者，因为他们这些人很容易疲劳。

方法如下：一块不少于两磅的牛后肘，沿纵长的方向分成四段，在肉和骨头里加入四片洋葱和一把欧芹，一起过油炸；快好的时候，倒入三瓶水煮两个小时，不要忘记及时补充蒸发掉的水，新鲜美味的极品牛肉煲好后，加入足量的胡椒和盐。

分别捣碎三只老鸽子和二十五只活的小龙虾，按处方一的方法混合用油炸，当热量完全浸入快要粘锅的时候，倒入牛肉汤大火煮一个小时。如此一来，汤的营养会特别丰富，可以用来给病人早、晚服用，或只在午餐前两个小时内服用，当然也可以作为美味佳肴日常食用。

在一对作家夫妇的鼓励下，我进一步改进了最后一种配方，他们对我的配方完全信任，并且无悔自己的抉择。其中一位诗人一改往日的悲观哀婉风格，变成了浪漫主义；而那位女士先前仅有一部郁闷绝望的作品，小说以不幸的结局告终，现在她写了另一部更为出色的作品，以皆大欢喜的美满婚姻结尾。由此可见，他们两个人都获取了正能量，这让我深感荣幸。

布雷斯鸡

1825 年 1 月初的一个清晨，年轻的新婚夫妇弗西先生和夫人，应约参加一个牡蛎早餐。

这种早餐很让人大快朵颐，因为不仅有诱人的饭菜，还有欢乐的宴席气氛；尽管如此，会有一个问题，那就是打乱了全天的其他安排。下面是当天的情景，用餐时间到了，夫妇两人在桌旁就座，但这只是仪式而已，女士喝了一点汤，先生喝了一杯啤酒还有水。此时，其他朋友赶到了，大家开始玩惠斯特牌游戏。夜幕降临，夫妇俩上床就寝。

深夜两点，弗西先生就饿醒了。他打了一个哈欠，辗转反侧终于把他妻子吵醒了，她担心地问他哪里不舒服。"没有，亲爱的，我好像有点儿饿，我梦到那只白色的布雷斯鸡了，晚餐时候我们没好意思

232

吃的那只。""亲爱的，说真的我跟你一样饿，要是你一直梦到那只鸡的话，干吗不让他们送来给我们吃呢？""异想天开！整个房子的人都睡着了，明天我们会被人当成笑柄的。""即使满屋子的人都睡着了，大家也应该被叫醒。我们肯定不会被嘲笑的，原因很简单，没人会知道这件事。另外，从现在挨到明天谁又能保证我们不会被饿死呢？我可不想拿自己的生命做赌注。我要按铃叫贾斯汀了。"

心动不如行动。那个可怜的女孩贾斯汀就被她们无礼地叫醒了，她晚餐吃得很好，正像其他人一样熟睡着。小姑娘年方十九，正是被大家疼爱而不忍打扰的年纪。

她懒散地跑过来了，睡眼蒙眬地坐在那儿一直伸懒腰、打哈欠，等候吩咐。

这第一个任务很容易，但叫醒厨师可就没这么轻松了，事实就是如此。她脾气有些暴躁，愤愤不平地嘟囔着、怒吼着、咆哮了半天。尽管如此，她最后还是挪动着肥胖的身躯从床上爬起来了。

与此同时，弗西夫人迅速地穿上胸衣，她丈夫也把自己打扮得像模像样的，贾斯汀在床上铺了块布，并放了些必不可少的餐桌用品，为临时的宴席做好了准备。

一切就绪，鸡终于端上桌来了，夫妇俩立即把它撕开，狼吞虎咽大吃起来。接下来，他俩还分享了一个很大的圣日耳曼梨，又吃了些橘子酱，喝光了一瓶法国白葡萄酒，还不止一次地说从来没吃这么痛快过。最终，他们终于吃饱喝足了。贾斯汀把那些罪证都一一收拾起来，然后回屋睡觉去了，这对夫妇的窗帘再次拉上。

第二天一早，弗西夫人就跑到朋友弗兰瓦尔夫人那，详细地描述了昨晚发生的一切，这件事很快就被大家传开了。弗兰瓦尔夫人每次复述这个故事的时候，都会强调弗西夫人讲完他们的经历后干咳了两次并且羞红了脸颊。

美味野鸡

除了少数行家里手，野鸡对所有人来说都是个谜。也只有行家才晓得野鸡的各种妙处。

每种食材都有其食用的最佳时机：有些在自身没长成熟时好吃，比如刺山果花蕾、龙须菜、灰山鹑、肉鸽等；有些在成熟的阶段最好吃，比如甜瓜、多数水果、羊肉、牛肉、鹿肉、红鹌鹑；有些在开始分解时才达到最味美，比如欧楂、鸟鹬，当然还有野鸡。

野鸡在死后三天内食用味道并不佳，它既没有家禽的肉嫩，也没有鹌鹑的鲜美。在合适的时间烹饪，野鸡的肉才会鲜嫩、可口，品质最佳。

野鸡一开始分解就到了最佳食用时机，只有这时它的香味才能在鸡油的辅助下散发出来，这种鸡油需要一段时间发酵才能形成，就像咖啡油，只有在加热时才能产生一样。

当开始闻到淡淡的异味而且野鸡的腹部颜色改变时，这就说明到烹制的时候了。只有少数厨师能凭直觉做出判断，一瞥之下就会断定该立即烹制还是让它再放置一段时间。

野鸡一旦达到最佳烹制时机，就要把毛拔掉，然后仔细地用最新鲜、最浓缩的猪油涂抹鸡身。煺毛不能太早是有原因的，调查研究表明带羽毛的野鸡要比煺毛的情况下味道更香。不知是因为与空气接触会中和掉一部分野鸡本身的味道，还是因为那些来自体内让羽毛丰满的自然汁液重新被吸收，让鸡肉的味道更鲜美了。

煺掉羽毛涂上猪油以后就该填充了，做法如下：备好一块山鹬，去掉骨头并且把内脏、鸟肝都掏出来放在一边，取山鹬肉与蒸好的牛肉骨髓一起剁碎，加入小块绞好的腌肉、胡椒、盐、香草及大量的松露，填满整只鸡的内脏。

在此过程，务必仔细地把填充物都塞进去而不漏出来。如果野鸡个头很大的话，这个活就不那么容易弄好。尽管如此，还是有很多办法，比如可以在开口处扎一块面包皮，然后用线把它缝起来起到阻挡作用。

接下来，切一块比整只野鸡的纵长宽两英寸的面包片，将山鹬肝、内脏和两大块填充物、一条凤尾鱼、一小块猪油和鲜黄油敲碎做成一团，然后均匀地涂抹在面包上，放在上述准备好的野鸡下面，这样它就会被因烘烤而渗出的野鸡汁完全浸透。

烹制时要让野鸡斜靠在底部的烤面包上，辅以苦味橘，不必担心后果如何。这种野鸡最好配以勃艮第葡萄酒，这是我费尽周折才得出的结论。如果天使们正如在罗得①时代那样还在人间漫步的话，野鸡这道美味值得奉献给他们享用。

要我怎么说呢？我亲眼目睹男爵皮卡德做好了一只填充好的野鸡，名曰"拉格朗日城堡"。我那位颇具魅力的朋友维尔普兰女士在那里定居，她的管家路易一步步庄重而威严地把它端上桌来，大家就像看埃尔博女士的帽子一样，凑近了仔细端详。香气四溢，女士们眼睛睁得像闪亮的星星，嘴角泛起珊瑚色的红光，满脸泛着笑容（见《美食测验》章）。

我还做了更多的事情，把这道菜呈给最高法院的法官们，他们知道什么时候脱下评议会的官服。我清楚地向他们证实了快乐的事是自

---

① 罗得是《圣经》中的人物，传说他带领妻女逃离将要毁灭的城市索多玛时，其妻因回头探望而变成了一根盐柱。

然界对法官工作的补偿，经过仔细审查，主席以庄严的声音宣布："棒极了！"所有人都鞠躬以示赞同，判决一致通过。

我观察到，即使最严肃的人的鼻子也会因明显的嗅觉感受而翕动，他们威严的眉毛安详平静，只有他们的嘴角好像在酝酿一个微笑。

这种令人惊叹的美味效果存在于自然界的事物中，拿这只按前面所述的菜谱烹制出来的野鸡来讲，它的完美并非因炙烤的猪油而香气四溢，而是因为吸取了山鹬和填充物散发出来的香气，同时还有烤面包片的味道。调料如此丰富，还有三种烧烤渗出来的野鸡汁的神奇作用。

把所有好的东西集合到一起，不让每个美味因子逃掉，就是这道菜的优势所在，我认为这道菜配得上最神圣的餐桌。

流亡者的美食业

我认为在法国，没有哪个少女不是在会讲法语时就会下厨的。

——贝尔·阿森

在前面章节中，我评估了在 1815 年的特殊形势下法国从美食主义那里汲取了哪些好处。同时这种美食才能对那些流亡海外的人来说也具有不可估量的意义和价值。

流亡波士顿的时候，我教餐馆老板朱利恩[①]奶酪烤鸡蛋的秘诀，这对美国人来说可是一道全新的菜肴，并风靡一时。为了表示感谢，朱利恩转送我一只冬天在加拿大捕获的狍子，后来这道菜被我拿来请客，被客人所推崇。

1794 年到 1795 年，克利上尉在纽约发了财，那时候他为商贸社区的住户制售冰淇淋。女士们尤其钟情于这种新奇的小吃，没有比看到她们吃冰淇淋时脸上露出的笑容更让人开心的了。她们想不明白在华氏九十度的时候怎样保存冰块。

我记得在科隆曾见过一名来自不来梅的绅士，他是个餐馆老板，过着舒适的生活。我还能举出很多类似的例子，但是我最想说的是有个法国人凭借自己制作混合沙拉的技术在伦敦发了大财的故事。

[①] 朱利恩在 1794 年财运亨通。他是个很能干的人，做过厨师，他说曾为波尔多大主教做过菜。如果老天眷恋，他肯定大发横财。——原注

这人是利穆赞人，如果我没记错的话，他的名字叫达比尼克，他在伦敦的生活并不富裕，花在吃饭上的钱也不多，但是有一天他还是到伦敦的一家最著名的餐馆用餐，在他看来如果饭菜做得出色，一盘就够吃了。

他刚吃完一盘唯美多汁的烤牛肉，邻座桌子的食客是一家富豪家庭，席间一名年轻男子站起来并走到他身边，非常礼貌地问："这位法国先生，听说法国人调制沙拉的技术十分出色。能赏光给我和我的朋友们调制一个吗？"

达比尼克犹豫了一下同意了，他叫饭店准备好做沙拉的必需品，然后专心致志忙活起来。他的努力赢得了一致称赞。

在调制配料时，他坦率地回答了一些有关自己处境的询问。他解释说自己是背井离乡的流亡者，也未掩饰自己的窘迫，他承认自己正接受英国政府的救济。听了他的经历，一个年轻人走过来把五镑的纸币放在他手里，稍稍推辞一番后，达比尼克还是收下了。

他把地址留给了他们，不久意外地收到了一封来信，信中用极其热情友善的言辞请他去格洛维诺广场最好的一座大厦调制沙拉。

达比尼克预感到赚钱的机会来了，毫不犹豫地接受了邀请，准时到达了目的地。为了让自己的手艺更出色，他还随身携带一些新式佐料。

他开始创作第二件作品了，最终他成功了，这一次他还获得了一张奖状，这真是太称心如意了。可以断定，第一次吃他调制沙拉的那些年轻人肯定对他的手艺赞赏有加，第二次邀请他调制沙拉的人更是不吝美词。达比尼克迅速声名远播，成为一名著名的时尚沙拉调配师。不久，在这片狂热追求新鲜事物的土地上，大家都争相追捧这位法国绅士，在伦敦上层社会圈里风靡一时，用古人的话来表达这种渴求就是：

英国女人热情似火，

虔诚修女黯然失色。

达比尼克是个聪明人，深谙赚钱之道。不久他就给自己配备了马车，以便更快捷地出席各种活动，还雇用了仆人拎着桃木箱子。此外，他还在仓库里储存了很多佐料，比如各种食用醋、添加了水果香味的油、酱油、鱼子酱、松露、凤尾鱼、番茄酱、剁好的肉，甚至还要加入蛋黄，这可是柠檬汁调制的蛋白酱最与众不同的地方。

接下来他开始自己调配、制作和售卖沙拉。最终在这场计划完备、悉心经营的营销战中，他赚到了八万多法郎，成了富翁。后来时局有所改观，他把这些钱带回了法国。

衣锦还乡他发现自己对巴黎的奢华一点儿兴趣也没有，现在他倾向于稳妥的理财。他投了六万法郎到政府债券，其中五万成为永久基金。他用剩下的两万法郎在利穆赞买了一块产业，直到如今他可能依然幸福地生活在那里，因为他知道如何克制自己的欲望。

这个故事是我听一个朋友讲的，他和达比尼克在伦敦相识，不久以后又在巴黎见过面。

流亡生活的更多回忆

纺织工

1794 年，我和罗斯滕先生[①] 一起流亡到瑞士，我们沉着应对这份苦难。对那个既养育了我们又对我们残酷迫害的祖国，依然心存热爱。

我们一起来到蒙顿，那里有我的几个亲戚。特罗里一家友善地欢迎我们，至今我仍然心存感激。这家人是村子里最老的住户之一，现

[①] 罗斯滕先生既是我的亲戚也是我的朋友，现在是里昂的军事总督。管理部队是他的专长，他对军事会计系统的完善，现在已经被全面应用开来。——原注

在已经后继无人了，家里的最后一个男性只留下一个女儿，而且她也没有子嗣。

在蒙顿我结识了一位年轻的法国军官，他从事纺织贸易的工作。下面是他选择做此工作的经过：他的出身非常好，恰好路过蒙顿去参加孔德的军队。邻座有一位神色既庄重又活泼的老者，就像画家笔下的威廉·退尔。

餐后吃甜点时，他们聊起天来，军官丝毫没有掩饰自己的身份，邻座老人开始感兴趣地评价起来，对他这么年轻就去服役，而且还放弃了许多属于他的美好前景而感到惋惜，向他提及卢梭的名言：每个人在遭遇危难之际，都应学会一种维持生计的本领，这样至少能糊口不挨饿。至于他自己，他说自己是个纺织工，一个无儿无女的鳏夫，但他很满意自己的现状。

谈话随后结束，第二天法国军官离开了，不久他就到达孔德的军队并占有一席之地。但是自从看到军队中的具体情况，他想到自己再也没有希望通过这扇门回法国了。不久，他遭遇到自己无法掌控的不幸，并沦为盲目忠君爱国热情的牺牲品，这对他来讲可是极大的不公平。

他耳边回响着老纺织工的经验之谈。思考再三他下决心离开部队，回到蒙顿，费尽心机找到了那个老织工，求他收下自己做学徒。

老人说："我不会错过这个做善事的好机会。你就和我同桌吃饭吧；我只有一张床，你就和我一起睡吧。你要在这里学习一年，然后就能自立门户、独自经营。在这块受欢迎、被重视的乐土上你会幸福地生活。"

第二天军官就开始工作，一直持续到第六个月，师傅宣布已经没有什么手艺可以教他的了，他一定能凭借自己用心学到的手艺获得丰厚的回报。从那以后，他就开始开创属于自己的事业了。

我来到蒙顿的时候，这个新出师的工匠赚到的钱足够给自己买一张床和一台织布机了。他踏实、肯干、有毅力，所以总是有好事眷顾他，城里的几个大户人家互相商量，周日轮流邀请他到他们家里用晚餐。

每到星期天他就会穿上制服，恢复他昔日军官的形象，因为他为人睿智又讨人喜欢，所以大家都乐于跟他交往。星期一，他重新回归自己纺织工的角色。一段时间以来，他已经习惯了这种双重角色的生活方式，乐此不疲。

节食者

我现在来讲述一个和上面的故事正好相反的例子。

在瑞士洛桑，我遇到过一个来自法国里昂的流亡者。他长得高大、英俊，但却因为懒惰不爱工作，给自己定下了一周只吃两顿饭的计划。要不是镇上的一个富商答应每周三和周日免费让他到一个餐馆里吃饭，他恐怕早就成为世界上死得最优雅的人了。

每到约定的日子，他就会跑到那个指定的餐馆饱餐一顿，直到食物塞到嗓子眼为止。临走，根据协议他都不会忘记带走一大块面包。

他每天尽量减少其他活动，肚子饿得咕咕叫时就喝水充饥，大部分时间躺在床上，整天处于一种似梦非梦、昏昏欲睡的状态，这样一直挨到吃下一顿饭的时候。

我见到他的时候，他已经这样生活三个月了。虽然没有生病，但他整个人都显出一种萎靡不振的气色，面容憔悴，鼻子耳朵之间有些希波克拉底的气息，看起来是多么痛苦啊！

我惊叹他竟能忍受这样的苦难，而不是寻求自食其力，我邀他到我住的小宾馆里吃顿饭。他居然拒绝了，我没再坚持邀请他，我更希望一个人能经得起磨难和不幸，并且牢记：人啊，你应该工作。

银狮餐馆

非常怀念我们在洛桑的银狮餐馆吃晚餐的那些美好时光！

只需花费十五个巴兹（折合两法郎二十五生丁），你就能享受三道菜，菜品包括周围山上的山珍野味、日内瓦湖里的鱼；同时配有涧水般清澈的白葡萄酒，足够让人不醉不归。

桌子顶端总摆放着一本圣母玛利亚的正典圣经。凯勒纳总坐在那个位置上，他前面放着菜单上最好的饭菜，他叫我坐到他的身边来，坐在侍从武官的座位上。但我并没享受太久这种殊荣和礼遇，就被时代的大潮推到了美国，在那里我找到了工作，感受到了一份庇护和安宁。

寄居美国

接下来，我要用一段自己的切身经历来结束本章。这段经历表明世界上没有不可能的事，灾难和不幸有时会在我们最料想不到的时刻降临。

动身回法国前，我在美国旅居了三年。在美国的那段时光，我生活得很惬意，好像上帝满足了我所有的愿望（我的祈祷奏效了），离开的时候，我百感交集，感觉自己在这个新世界的运气远比旧世界好得多。

我在那里的成功主要基于以下原因：自打我来到美国的头一天起，我就开始讲他们的语言 ①，像美国人那样穿衣行事，时刻注意让自己不要卖弄小聪明；也注意赞扬他们的一行一事，我的谦恭也换来了他们的友好和称赞，我感受到了他们的回报。

---

① 一天晚餐的时候，我挨着一位克里奥尔人坐。他已经在纽约住了两年了，英语依然很烂，都不能自己叫面包吃，对此我感觉很吃惊。他回答说："哼，你认为我应该笨到学习这么枯燥麻木的语言吗？"——原注

在离开（法国）那块安宁和睦的土地之前，上帝创造的无毛两足动物中没有谁比我更爱自己的同类了。而在发生了一件非我个人意志能左右的变故后，情形就大不一样了。

事情是这样的，当我登上了汽船将要从纽约到费城，大家都知道为了使航班正点到达，需要借助于海潮的动力。那时候水流舒缓，也就是说就要退潮了，我们本应出发了，可是船没有任何起航的迹象。

有许多法国人都在这条船上，其中包括戈蒂耶先生，他原本居住在巴黎，可是他居然想越权把房子建在财政部的西南角，因而遭了厄运。我们后来知道了延迟的原因：有两个美国人还没赶到，轮船因此不能按时起航，我们将冒着遭遇低潮的危险航行，这就意味着要走两倍远的航程才能到达目的地。大海可不等人！

因此，大声的责骂和抱怨开始了，大部分是法国口音，因为法国人远比那些居住在远离大西洋的居民们更容易被激怒。我自己不仅没有丝毫的埋怨并且一点儿这种意识都没有，因为我心里盘算着自己在法国的命运将会是什么。但是没过多久，我听到撞击的声音，原来是戈蒂耶向一个美国人脸上挥去一拳，力气大得足够打倒一头犀牛。

这场暴力事件成为接下来更可怕的混乱局面的导火索，法国人和美国人用带有敌意的口吻舌战了几个回合，争吵开始带有民族攻击性，就差把我们所有在船上的人投到海里去了，场面僵持不下。补充一句，我们的对峙人数是八比十一。

现在我要凭借自己的外在优势，奋起反抗了。那时候我正值三十九岁，高大硬朗；对方也毫不犹豫地展开攻势，一名最骁勇善战的猛士过来收拾我了。他身高如尖塔，体重与身高成比例，但是我用尖锐犀利的目光从头到脚瞥了他一眼，发现他动作迟缓、脸庞浮肿、眼神黯淡、脑袋很小，一双腿像个女人般没有力量。

我自忖："智慧可移山。让我看看他有多厉害，大不了就是一个死。"我像个荷马时代的英雄一样，一字一顿地大声向他宣战："你这该死的恶棍，你以为你能吓唬了我吗？……你会像只死猫一样被我打得掉进水里的……要是你太重，我就紧紧抓着你的手脚、牙还有指甲等所有的东西，要是我抓不住，我们就一起沉入海底好了；能把你这只弱狗送进地狱，我也情愿了此一生了，来吧，就现在……"①

听了这些斗志昂扬的话——我感到有一种赫拉克勒斯的神奇力量附在我身上——对手后退了一小步，胳膊放下来，面色明显黯淡了。总之他开始显出沮丧气馁的神色，以至于他的同伴都想插手了——那个同伴肯定从一开始就怂恿他上前；他照做了，我彻底被激怒了。这个新世界中土生土长的人不久就发现在富伦②河水中浸泡过的人练就了钢铁般的肌腱。

与此同时船那边传来一阵和平的信号，迟到者的到来分散了人们的注意力。船员们一阵忙乱后，我们的船起航了。虽然我的身体还保持着战斗的姿势，但纷乱突然停止了。

不仅如此，形势还更缓和了。当一切又再次恢复平静以后，我开始找寻戈蒂耶想责问他为何头脑发热，却发现他正在和那可怜的对手坐在桌旁吃东西呢，桌上放着一根火腿和叠起的啤酒罐，至少喝了一肘高了。

---

① 在适用英国刑法典的土地上，互相攻击之前总是会有言语的交锋。因为有这么一个说法："再犀利的言辞也不会折断骨头。"随着时间的推移，这种说法已经远去，法律告诫人们要三思后行，因为先动手打人的人打破了和平，所以不论打斗结果如何，总会被判殴打罪。——原注

② 一条清澈的小河，发源于罗西龙，顺贝莱蜿蜒前行，最后流入莱茵河。这条小河里的鳟鱼肉是玫瑰粉色的，狗鱼肉呈象牙白色。棒极了！——原注

一捆龙须菜

2月的一个大晴天，在赶往王宫饭店的路上，我来到谢威女士的店前，她是巴黎最有名的供应商。她总是对我很友好，我看到一捆龙须菜，最小的菜也比我的食指粗。我问她龙须菜怎么卖，她回答说："先生，四十法郎。""它们可是人间尤物啊，这个价只有国王或王子才吃得起。"

"你错了，王宫里从来不会有这样的奢侈品，那里可是善良美德的所在，这是法规。但是不管怎样，我这捆龙须菜肯定会被卖出去的。巴黎目前至少有三百个富翁，包括银行家、商人、投资家以及其他一些人，他们因痛风在家休养，怕自己着凉，遵照医嘱或出于其他什么原因，但他们并不忌食；他们坐在火炉旁，绞尽脑汁地想寻找开胃、促进食欲的食物，当他们费了半天劲而一无所获的时候，就会派侍从出来探求人间美味，侍从就会到我这里来，见到龙须菜后就会回去禀报；随后不论我要多高的价，这些龙须菜都会被迅速买走。可能也会有年轻的夫人和她的爱侣从此经过，她会大叫道：'快看亲爱的，多可爱的龙须菜！我们买点儿吧。'你知道妻子专门为它准备了非常可口的酱！这种情况下，她的爱人会倾其全部工资将其买下。也可能是一场赌博，或者是一次洗礼，或者政府债券突然大涨……原因我可不能一一道尽。总之，价格最贵的东西往往比其他的商品销售得更快。因为巴黎的生活方式从来都是商机无限，让人充满购买欲。"

她的话音刚落，就有两个胖胖的英国人臂挽臂地漫步过来，在我们面前停下来，突然眼前一亮，面孔泛着惊喜。他们中的一个拿起这捆神奇的龙须菜，都没怎么问价钱就夹在胳膊下面拿走了，还大声地说，"上帝保佑国王"。

谢威女士笑着说："先生，这种情景我刚刚忘了说，这是所有商品的普遍情况。"

蛋白酥

蛋白酥源于瑞士，也就是用干酪烤鸡蛋，凭借时间和经验来调配二者的比例。我稍后会给出官方做法。这道菜有益身体、可口美味，能促进食欲，而且烹制方法简单，尤其适用于客人的意外光临，我把它记于此，一半是出于自己的意愿，一半是因为它令我想起老一辈贝莱人经常谈论的一个故事。

17世纪末，有个叫马德的先生奉命去贝莱接任主教的职位。当地的人为了欢迎他的到来，在宫殿里准备了盛宴款待他，而且动用了厨房所有的烹制资源来庆祝他的来临。辅菜中有一大盘蛋白乳酪酥非常引人注目，他自己取食起来，但是天啊！他被其甜品的外表蒙骗了，以为是奶油调味液呢，就用勺子而不是叉子大吃起来，叉子可是公认的史前古老餐具。

所有在场的客人都因他的行为而大吃一惊，大家用眼角的余光互相瞥视、窃笑。尽管如此，出于尊敬，大家都缄口不说破此事，因为巴黎的主教在饭桌上无论怎么做都是对的，尤其是在他刚到任的这一天。

但是第二天，这件事情就传开了，大家碰面的时候都会问："你听说新来的主教昨晚吃蛋白酥的事了吗？""当然知道了，他用勺子吃呢，我可是亲眼所见啊。"故事从城里传到乡下，三个月传遍了整个管辖地区。

这件怪异的小事并没有动摇我们父辈的信仰，其实也有改革者提议勺子更实用，但是后来他们也忘记了，叉子获得了胜利。一百多年后，我的一个叔祖依然很喜欢这个笑话，在他给我讲述马德先生曾用勺子吃蛋白酥的时候，自己不禁哈哈大笑。

蛋白酥配方

这个配方是在蒙顿的管家特罗里先生的文章中发现的。根据客人的人数取相应数量的鸡蛋，称重。取一块上好的格里埃尔干酪，称出鸡蛋重的三分之一，取一块黄油，称出鸡蛋重的六分之一，把鸡蛋打碎，放在有盖的蒸锅里，加入黄油和干酪，磨碎拌匀。

将蒸锅放在旺火上，用勺子搅拌直到混合物软硬适中；根据干酪的老嫩程度加盐，放入大量的胡椒，这可是古香古色的风味菜中最具特色的地方。用微微加热过的盘子盛着，再把最好的酒拿来痛快地狂饮一通，你就会品到蛋白酥的妙处了。

落空的希望

这是安静的一天，布雷斯的伯尔格一家酒馆外突然传来一阵隆隆的车轮声，一辆装饰华丽的有篷四轮马车驶了过来，这是一辆四匹马的英式马车。引人注目的是，车夫的位置上坐着两个漂亮的侍女，她们的身上裹着一条饰有蓝底蓝边的鲜红毯子，显得舒适而又暖和。

这一神秘的现象说明，这是达官贵人在做短期旅行。酒馆老板西可脱帽致敬，他的妻子站在门口等待着，女仆们都挤破头似的向楼下飞奔，桌边的侍者迎上前来，心里盘算着一笔可观的小费。

两个彬彬有礼的随从从座位上下来，脸色一点儿也没因为下车的动作而变红。随后从车里下来一个身材矮胖、气色红润、大腹便便的绅士，他身后跟着的是两个身材修长、面色苍白的红发小姐，最后下来的是一个时髦夫人，看样子却像得了一期或二期肺结核病的病人。时髦夫人是一行人的发言人。

她说："客栈里的先生们，请好好喂养我们的马，带我们到客房休息，顺便拿些点心给我的女仆，但是我希望整个消费不超过六法郎，也相应地考量一下你们的品质。"

这些简洁有力的话刚一出口，西可就带上帽子，他的妻子回到屋里，姑娘们也回到各自的岗位上。尽管如此，他们把马带到马厩，给客人送上报纸；他们把女士们带到楼上的房间，还给了女仆们一些水杯和一大壶水。

客店虽然收到了预付的六个法郎，大家心里却有些不是滋味。这六法郎，根本无法弥补所有的付出以及落空的希望。

神奇的晚餐

　　一天，塞纳皇家法院的一个美食家以一种哀婉的口吻说道："哎呀，我真可怜啊！真期盼着早点儿返回家乡，我把自己的厨师留在那了。我不得不留在巴黎，每天还得吃对厨艺一窍不通的女佣做的饭食，她做的菜让我胃疼。我妻子什么都可忍受，孩子还小不懂事。煮得半生不熟的牛肉，熟过了头的烧烤，我就快死在烤肉叉和大蒸锅面前了。唉！"

　　他边走边说，正悲伤地穿过多菲内地区。幸好教授无意中听到他刚才的抱怨，出于交个朋友的好意，他对这个受苦受难的法官说："你不会死的，老兄。我给你推荐一个绝对有效的治疗方法。明天带几个朋友，来参加我的经典晚宴吧。晚餐后我们来玩皮克牌游戏，保证让大家都开开心心。而且像以前一样，那个夜晚最终会变成逝去的记忆。"

　　他接受了我的邀请，神奇的晚餐在客人的协调下完成了仪式和典礼，自从那天起（1825 年 6 月 23 日），教授很欣慰地认识到，他依旧是皇家法院最可贵的顶梁柱。

危险的烈酒

在《美食随想录》的《论口渴》一章中我曾提到，如果遇到虚假口渴而立即饮用烈酒来解渴，久而久之会变得越来越严重并上瘾，以至于某些人不喝酒都熬不过一晚上，必须起床喝上几口才行。

这种"口渴"无疑会演变成为一种疾病，如果有人不幸患上这种疾病，可以肯定地说，他余下的生命不足两年了。我曾和一个旦泽富商在荷兰旅游，他是镇上白兰地零售商创办机构的主要负责人，入这行已经有五十个年头了。

一天，他对我说："先生，您在法国对我们的商业活动没什么概念，我们从父辈到子辈一直经营这个生意一百多年了。我曾仔细观察到我店里的劳工朋友，他们毫无顾忌地沉溺于烈酒，最终都会走向同样的(悲惨) 命运，这在德国也是常有的事。

"起初，他们只是早上喝一杯白兰地，乐此不疲地这样过上许多年。你一定知道早上饮酒在劳工阶层是普遍的做法，谁没有这样的习惯反而会被嘲笑。然后他们酒量增加一倍，也就是说，早上喝一杯，中午喝一杯，这样会持续两三年；再然后他们改为一天喝三次，早、中、晚。不久以后，他们每小时都要喝白兰地，不为别的，只是想浸入到小麦啤酒的味道里，一旦到这个阶段，他们就只剩下半年的生命了。但他们依然会狂热地陷入烈酒不能自拔，再然后就会被送到医院，最后就只剩下撒手人寰、告别人世了。"

爵士和神父

我在前面曾两次提到过爵士和神父两类美食家，不过他们现在都随着岁月的流逝而消失了。如今三十多年过去了，现在的一代人多数都不曾见过他们。不过到本世纪末，美食家可能会卷土重来，但这需要许多因素的共同作用，我相信没有多少人能活到见到他们的重现！

作为一个风俗习惯的"绘画者"，我责无旁贷地要把这些最后的感触记录到我的作品中，因此我向一位作家申请援引他下面的文章，他一口答应：

严格说来，有资格被称作爵士的人只是那些授过勋的人，或是那些贵族家里的年轻子孙。但实际上，有许多人自认为具备了爵士的素质而自封。如果这些人受过良好的教育并且外表不错，在那个随意的年代里没有人会不辞劳苦地考察他们的真伪。

爵士往往是男人中的英才。他们手握笔直矗立的刀剑，昂首阔步，不可一世；他们擅长运动，自由威武，年轻漂亮的小姐身边都有他们的身影。他们因神勇非凡而引人注目，总是时不时地拔剑出鞘，有时候只是想自己看看，也会立马拿出来。

下面就是那个曾经红极一时的 S 爵士灭亡的过程。

他跟一个刚从沙罗勒来到这儿的年轻人因鸡毛小事而争吵起来，于是约定在安坦大街后面决斗，当时那里还是一片荒地。年轻人以一种冷静的姿态防守着，S爵士想当然地认为对手没什么大不了，他准备试探一下对手。但第一个回合沙罗勒人就发现了对手的一个空当，刺出致命一击，结果爵士在还未倒地之前就断气了。爵士的一个朋友也是他的助手，默默地看着那被闪亮的剑刺破的伤口，循着剑伤的痕迹看了好久，然后突然说："真是完美的防御剑术，那个年轻人一定有惊人的腕力！"说完他便离开了现场，这是死去的爵士得到的唯一的悼词。

大革命爆发后，大部分爵士参军入伍，也有些移民到海外，剩余的"泯然众矣"。仍然存活至今的寥寥无几，仍然能从他们的气质中辨别出来：他们身体瘦弱、身患痛风，连走路都有困难。

如果贵族家族中有好几个儿子，会把其中的一个送到教堂。开始的时候，他会接受简单的圣职，以支付教育经费，随着时间的推移，根据其自身的信徒热情，他会变成一个王子、受人敬仰的神父或是主教。

这是真正的神父，但是也有一些冒牌货，许多年轻人经历了危险的爵士生涯，当他们来到巴黎时，改头换面去做神父了。这是最方便不过的了，只需一改装束，他就突然有了圣俸，由此享有了平等的权利，处处受到欢迎和爱戴，被大家追逐仰慕着，因为每户人家都有信奉的神父。

神父一般个子不高、体形微胖、穿着整洁、谦恭有礼、好奇心重、爱发牢骚、爱吃美食。他们一旦离开这个岗位都变得又胖又虔诚。没有比富裕的修道院长或受人仰慕的神父生活得更惬意的人了，他们有钱又受到全世界的尊敬，还没有上级领导管束，而且生活清闲。

世界如果能够长久和平，爵士阶层也将会重现。让我们对此心怀希望，但是如果圣职的运行局面不能有效改观，神父一族将会一去不复返，因为不会有只领薪水不干活的职位，我们热切希望恢复早期教会的传统与初衷。

与圣伯纳德修道士共处的一天

　　某年夏天的凌晨1点钟左右，天气很晴朗，我们组成了一支小分队。夜幕寂静，耳边并没有女士们哼唱的充满活力的小夜曲（那是1782年）。

　　我们从贝莱出发，赶往圣·萨皮斯———一座位于高山之巅的伯纳德修道院，当地海拔至少在五千英尺。我那时候是一个业余乐队的领队，队员是一群快乐的朋友，拥有属于年轻人的一切青春活力。

　　之前，有一天吃完晚饭后，圣·萨皮斯修道院的院长把我叫到窗边，说道："先生，如果你能来参加圣伯纳德节那就太好了，圣徒们会感到无限荣耀，你将有幸成为第一个进入到这个地方的俄耳浦斯。"

　　如此称心如意的承诺，不需他再重复第二遍，我已经欣然接受了他的邀请，整个房间似乎都在振动。

　　我们做好了所有必要措施，很早启程了。我们有四英里的路程要走，沿途道路很凶险，就连那些过蒙马特区的探险勇士们也会心惊胆战。

　　修道院建在山谷里，西边被巍峨的高山环绕着，东边是一个稍矮些的小山。西边的山顶上覆盖着浓密的松树林，有一天三万七千棵松树被一阵疾风吹倒①。山谷底部是一大片草地，一簇簇的山毛榉散布在

---

① 水利林业部长点好数目把它们卖了，价值不菲，修道士们也获利了，由于有大量的收益，没人再谈及那具有极大破坏力的飓风。——原注

草地上，就像现在流行的许多英式花园的模型中排列的那样。

我们天亮的时候到达了目的地。修道院里分管衣食住的神父前来迎接我们，他四方脸庞，鼻子又方又尖。和蔼的神父说："先生，欢迎你们。我们尊敬的院长得知你们来了一定会非常高兴，因为昨晚太累了，他还在休息。但是没关系，跟我来，你会明白我们对你们有多期待。"

我们跟随着他来到餐厅，所有人的目光都被映入眼帘的早餐吸引了，真是杰作啊！大桌子正中间立着的是一摞馅饼，简直有教堂那么高，北边是四盎司的小牛肉冷盘，南边是一块巨大的火腿，东边是一大块黄油，西边是一大盘撒满胡椒和盐的新鲜洋蓟。

我们还看到各式各样的水果，还有碟子、刀子、餐巾纸、银器、小篮子。桌子一端站立着准备侍候我们的佣人和伙计，他们这么早就准备好了早餐，我们还是感觉有些惊讶。

我们看到在餐厅的一个角落里堆了一百多个瓶子，正往里灌天然泉水，流水的声音好像女祭司在低声向酒神欢呼。我们对摩卡咖啡扑鼻的香气没有感觉，那是因为在那个英雄时代，没有人这么早就喝咖啡。

令人尊敬的修道士看到我们如此好奇，很感欣慰，然后他发表了以下演讲。他说："先生们，我很想在此陪伴你们，但我还没有做完我的弥撒，今天要举行很完整的仪式。我请你们在这里就餐，你们的年轻活力、旅途奔波以及我们热切的山野情怀，令这种客套显得多余。尽情享受我们精心的早餐吧，现在我要离开一下，去诵读我的晨祷。"

说完他就离开了。是开始行动的时候了，我们全力出击，深受修道士的演讲的鼓舞。弱小的亚当后代拒绝食用那些好似为天狼星上的居民们准备的饭菜，又有什么好处呢？我们的努力也是徒劳的，于是我们饱餐一顿。

所以，直到午餐时间我们都还不饿呢。我一个人躺在舒适的床上，美美地睡到做弥撒的时候，就像英雄洛可罗伊一直要睡到战斗即将打响。有个身体强壮的兄弟叫醒我时差点儿把我胳膊拽脱臼了，我赶紧起床飞奔到教堂，发现大家都各就各位了。

在圣餐仪式上，我们演奏了一曲交响乐，庆典上唱了一首经文歌曲，最后以管风琴演奏的四重奏结尾。尽管有许多人看不起业余音乐爱好者，但我们自身有足够的实力来反驳。借此，我要批评一下那些总是吹毛求疵的蠢人，他们只会空发议论、横加指责以博取他人的赞赏，而他们根本就没有任何真才实学。

我们的演出受到了神父的夸赞，修道院院长谢过我们之后带我们去赴宴。正餐是 15 世纪的风格，几乎没有配菜，每种食物都不多，但是肉是精选的，简单实在的炖肉、精致的厨房、完美的烹调手法，尤其是新奇的风味蔬菜，这一切把我们的食欲都调动起来了。

亲爱的读者，当看到第二道菜包含十四种不同的烤面包时，我们意识到该地的物产之丰。餐后甜点同样出色，有些水果是从邻近的山谷中采摘下来的，因为它们在这个海拔高度无法生长。就像马楚拉兹、莫尔弗伦果园以及其他一些地方在星光照耀下，也能吸收一些热量长出水果来。

餐桌上也不缺乏芳香的烈酒，但更值得一提的是浓香咖啡，清亮透明，芳醇滚烫。咖啡不是用塞纳河边那种模样陈旧的"咖啡杯"来盛，而是用一种大而深的碗。尊敬的神父可以随心所欲地把他们的厚嘴唇浸在里面，尽情地享用这提神的美酒，发出的声音就像暴风雨前匆忙逃离的抹香鲸。

正餐后我们去做晚祷，圣歌中间也穿插了由我特别为此行创作的赞美诗。那是当时流行的时尚音乐，我不能说它们好或差，免得有失谦卑或因此而受到神父的偏爱。

例行公事的一天就要结束了，到教堂的乡亲邻里们相继回家，教士们自由地玩游戏消遣。

对我自己而言，我更喜欢四处走走，招呼几个朋友去踏踏青，这才对得起大自然的地毯。呼吸大山里的新鲜空气足以慰藉人的心灵，令人舒放心灵，沉思玄想，感受浪漫情怀。

我们返回修道院的时候天色已晚，修道院院长让我晚上好好休息并提前道了晚安。他说："今晚你要自己度过了，并非是担心自己的存在会让兄弟们厌烦，而是希望让他们感受到充分的自由。生活并不总是圣伯纳德节，明天我们将回到自己的日常生活中去了。"

院长走后，大家就没有什么拘束了，聊天声渐渐变大，讲了好多无关痛痒关于修道院的笑话，听者无不狂笑不已。

9点钟夜宵开始了，精选且考究的菜肴与前面的正餐风格迥异，简直相差几个世纪。重新换了口味，大家吃着，说着，笑着，一些人唱餐颂歌，有个神父朗诵了一些自己写的诗，诗的水平相当不错。

夜色渐深，人群里突然有人喊："管食者神父，你的特长是什么？"教士回答说："你说得对，除了管理膳食。我别无所长。"他走了出去，不久又在三个男仆的跟随下走回来，第一个人拿来了新鲜的黄油、吐司，其余两个人搬来一张桌子，其上摆着一大碗香醇诱人的白兰地替换了桌上的五味酒。

大家用热烈的掌声对新上的食物表示欢迎，然后开始吃吐司，喝甘烈的白兰地。钟声敲响，12点了，大家各自回房，经过一整天的劳作之后，开始享受各自的美梦了。

本章讲述的管食者神父是一位老人，一天他听说新任的修道院长以管理严苛著称，正从巴黎赶来。

管食者神父说："我并不担心和他相处，他尽管严格好了，总不会冷酷到辞退我或夺走酿酒室的钥匙吧。"

旅行者的好运气

一天，我骑着一匹骏马穿越令人舒适的侏罗坡。

当时是大革命里最糟糕的日子，我要到多勒去拜访普罗特代表，希望能从他那得到一张安全通行证，以确保自己不会被捕入狱乃至被送上断头台。

上午11点，我停留在一家名叫蒙苏沃德利的小村（或小镇）上的酒店，打算给马儿弄点儿草料。当我一走进厨房，眼前出现了会让所有旅行者怦然心动的一幕：熊熊炉火上一把烤肉叉缓缓转动，上面烤着上好的鹌鹑、肥硕的绿腿秧鸡，显然是来自猎人之手的精选猎物。一大片圆吐司上正滴尽最后一滴汁液，旁边也放着一只烹制好的野兔。巴黎人对这种营养丰富的滋补野兔还不甚了解，它的香味能溢满整个教堂，不亚于任何一种香料。

看到这些东西我高兴极了，自言自语道："棒极了！老天待我不薄，只要路边还有一朵野花可采，就是死也值了。"

然后，我招呼了旅店主人。他身材魁梧，正在厨房里来来回回地踱步，还吹着口哨。我问："我的朋友，午餐你拿什么好东西来招待我啊？"他回答说："先生，我这里都是好东西，好鱼羹、好土豆汤、好羊肩、好扁豆。"

听到这么出人意料的答复，我失望地打了个冷战。读者们知道我从不吃鱼羹，因为那是没了汁液的肉；我不吃扁豆和土豆，是因为它们让人变胖；另外，我自己的牙嚼不碎羊肉。一句话，这个菜单设计得让人伤心，磨难再次降临。

店主看看我，好像猜到令我伤心失望的原因……我用极度苦恼的腔调问他："上帝啊，这么好的猎物你为谁准备的？"他很怜悯地回答说："哎呀先生，那不是我的东西，是属于几位法律人士的，估计他们是被一个阔绰的女士雇用，他们已经在这住了十天了。昨天他们完成了使命，特意设宴庆祝。这不，我们正准备呢！"我沉默了片刻说："先生，多谢你告诉我，现在一个好伙伴乞求参加他们的聚餐，我会单独付这笔花销，最重要的是我一定会让他们受益匪浅。"店主走开了，再也没有回来。

但是过了一会儿，一个身材不高、皮肤细嫩、身宽体胖、生气勃勃的年轻人走了进来，在厨房里徘徊，移了移锅和盘子，把蒸锅上的盖子拿开后又出去了。我自言自语道："秘密集会的守护人兄弟，过来侦察情况了。"我的内心再次升起希望，因为经验告诉我，我的外表并不讨人厌。

尽管如此，我的心依然跳得很厉害，就像一个候选人在等待当选的消息。酒店老板再次出现，并且宣布那些绅士们很满意我的提议，等我去赴宴。我几乎是迈着舞步走出屋子来到了令人欢心雀跃的宴会上。

多好的晚餐啊！我在这里不想详细描述，值得一提的是手艺精湛的原汁鸡块，这种美味佳肴只有在乡下才能吃到；再加上营养丰富的松露，鲜美得简直能让老提托诺斯恢复青春。

前面已经说过面包了，味道与外观一样出色，制作过程中打了个弯，更增加了它的美味。餐后甜点有香草冰淇淋、精选水果、上好奶酪。

我们一边享受这些美味，一边先后喝石榴红酒、隐士葡萄酒和口感温和浓郁的甜点佐餐酒，最上乘的饮料当属咖啡，那可是个个性活泼的守护人调制而成的。他拥有一双巧手，把在临时帐篷里调制的凡尔登酒端上酒桌。

晚餐中不单是美酒佳肴，场面也活跃热烈。大家相互交谈了一会儿，出于今天的周到安排，绅士们开始互相开对方的玩笑，融洽的气氛让我加入了进来，成为他们中的一员。他们很少谈论此刻把他们聚集在一起的公务；大家讲着好听的故事，唱着歌，我也相应地献出自己尚未发表的小诗，有些句子是即兴想出来的，我的诗受到大家的好评。内容如下：

此情此景甜美又欢畅，

当旅行者遇到知音，

在欢乐与美酒中徜徉：

与朋友共相伴，烦恼随风消散。

四天、十四天、三十天，

还是一年、两年，

祝福与幸运永在我身边！

其实，我把这首诗记录下来并不是因为自己非常中意，闲下来我可以写得更好，这要感谢上帝，如果我愿意，完全能改进。但我情愿让它们保持这种即兴做成的样子，因为我希望读者能体会到我当时的快乐心情，尽管还要应付革命委员会的弹压，我仍然葆有一颗真正的法国心。

这顿饭我们至少吃了四个小时，当大家想着如何结束这完美的一天时，我的朋友们建议先出去散步以帮助消化，然后大家接着玩卢牌戏直到吃夜宵，夜宵就是晚餐剩下的依然可口的饭菜外加一条虹鳟鱼。

对他们提的建议我只得说不了，眼看太阳西斜就要落山了，我得赶紧离开。伙伴们极力恳请我留下来，虽然盛情难却，我告诉他们这次旅行有比寻欢作乐更重要的任务，他们才同意我离开。

读者可能已经猜到，他们既没让我分摊饭费又没有向我打听让我难以作答的问题，大家全都出来送我上马，诚挚地和我挥手道别。

如果当年那些热情好客的朋友们今天依然有人健在，而且能看到我写的这本书，我希望他们能体会到，三十年后我依然饱含感激地在本章中记录了当时的情景。

福可双至，我随后的旅行取得了出人意料的成功。

我发现普罗特代表确实对我怀有极大的偏见。他很讨厌我，用一种恶狠狠的表情盯着我，我心想他就要逮捕我了。好在只是一场虚惊，听完我一番解释，他的脸色开始缓下来。他不是一个刻薄的人，相信他本意并不坏，只不过能力有限不知道如何运用自己手中的大权，就像一个拥有赫克利斯魔棒的孩子。

在此我荣幸之至提一下阿蒙德鲁先生的名字。他知道我要来做客，而且主人邀请他也来作陪，这可并非易事，但是最终他还是来了，席间他象征性地向我表示问候。

我向普罗特夫人示好，还好没有被她冷冷地回绝，我向她鞠躬致敬的时候至少引起了她的好奇。谈话中她问我是否对音乐感兴趣，天啊，真是天赐良机！她好像对音乐很着迷，而我正好是一名优秀的音乐家。我们总算可以有共同话题了。

我们一直交谈到吃晚饭，无话不谈，彼此很投缘。她说起作曲，我知道得一清二楚；她说起当今的歌剧，我都烂熟于心；她谈及有名的作曲家，我基本上都亲眼见过他们的风采。因为好久没有人和她谈论音乐了，真有说不尽的话题。虽然她自称是一名业余爱好者，可我已经看出来她曾是一名歌唱教师。

晚餐后，她取来自己的歌本。她唱歌，我也唱，我们一齐唱。我从来没有唱得如此投入，也从未感到如此享受音乐。普罗特先生几次三番建议我离开，她都装作没听见。我们像两只二重奏的小号，开心地演唱。最终普罗特先生下达了逐客令，"今天唱的难道还不尽兴吗？"

这次的命令无法抗拒，临分手的时候，普罗特夫人说："忠实的市民，像你这样植根艺术的人一定不会背叛自己的国家。我知道你有求于我丈夫，我衷心地保证你会如愿以偿。"

听到这些安慰，我心存感激地吻了她的手。果不其然，第二天我得到了安全通行证，已经签好字并盖好章了。这正是我此行的使命，我昂首挺胸地回了家。感谢上天，感谢上天赐予的音乐才能，我可以过些年再进天堂了。

诗篇

喝水的庸人写不出流传千古的诗行，

酒神让诗人的灵感来自酒后的疯狂，

艺术女神每天早上都要闻闻酒香；

面对美酒荷马毫不吝惜由衷颂扬；

恩尼乌斯的灵感来自唇边的美酒：

"清醒者去饮井水，

严肃者唱不出欢歌。"

没有诗人不爱饮酒，

喝起酒来不分昼夜。

——贺拉斯

如果时间允许的话，我会系统地编选一本美食诗选集，囊括古希腊和古罗马时代并一直延续至今，完全按照历史顺序排列，以展示语言艺术和美食艺术之间的密切关联。不过，我未完成的事业自然会有人继续下去[①]；我们会发现餐桌总会成为抒情诗的主题，从而再次证明物质比精神更有影响力。

直到 18 世纪中叶，这种诗主要是用来歌颂酒神及其功劳，能喝酒

[①]关于这一点如果我说得不错的话，是我留给美食学后来者的三项任务：（1）肥胖研究；（2）猎宴午餐的理论与实践；（3）美食编年诗选。——原注

并且可以无拘无束地畅饮是人们味觉感受能达到的最高境界。为了避免单调和扩大范围，爱神有时候也和酒神联手，尽管这种结合未必就是好事。

新大陆的发现带来了新秩序。糖、咖啡、茶叶、巧克力、美酒等都让美食变得越发有吸引力，在这当中，酒或多或少成了一种陪衬，比如早餐时可以以茶代酒。[①] 因此，当今的诗歌范围越来越广了，诗人无须再沉迷于大酒桶就能为餐桌上的愉快而歌唱，并且陶醉于对新美食的礼赞中。

和其他读者一样，我欣赏过那些天籁美文的芬芳。在艳羡作家们的天赋和美妙诗文的同时，我也得到了比别人更多的愉悦，因为我发现所有的作家都和我一样，几乎所有的锦绣文章都是在用餐时或者用餐后创作出来的。

我希望文章好手能利用好我传授的经验。与此同时，我也愿意给读者们分享自己妙手偶得的诗文片断以及一些简短注解，以免读者在解读时绞尽脑汁猜想我文章的含义。

德尼阿斯宴会上的德摩克勒斯之歌

让我们开怀畅饮赞颂酒神巴克斯，

他喜欢我们的舞蹈、喜欢我们的颂歌，

他喝止嫉妒、仇恨和悲伤，

因为有了他，才有迷人的优雅和醉人的爱，

让我们相爱、让我们开怀畅饮赞颂酒神巴克斯，

未来还未到来，现在即将不在，

[①] 英国人和荷兰人早餐吃的是面包、黄油、鱼、火腿和鸡蛋，除了茶以外几乎不喝其他饮料。——原注

生命因为这一刻而充满愉悦，

让我们相爱，让我们开怀畅饮赞颂酒神巴克斯，

吃一堑，长一智，欢乐就是我们的财富，

大地连同大地的伟岸一并置于脚下，

醉酒引领我们追寻灵魂的甜美，

让我们开怀畅饮赞颂酒神巴克斯。

上面这首歌选自《年轻人阿那卡西思游记》，无须过多解释。

下面这首诗出自莫当，据说他是法国第一位写祝酒歌的诗人。这首诗正是写于酩酊大醉后但还不失理智的当口：

小酒馆，我越来越爱你，

天底下万事万物都比不上你，

你能满足我对酒的任何需求，

在我眼里，

小酒馆里的一块抹布，

也比荷兰最好的桌布还要酷。

夏日阳光暴晒，

你的庇护超过所有山谷林荫，

冬日白雪皑皑，

一捆干柴胜过万塞讷的森林。

你让我所有的美梦成真，

梦想刺蓟变玫瑰，

一碗牛肚赛过皇家宴会，

希望纷争变碰杯，

小酒馆的熊熊炉火，

无边幸福照耀着我。

感谢巴克斯给我们带来美酒，
温暖在我们血管奔流，
琼浆玉液美酒芬芳，
品行端正的人即使喝了酒也会像天使。

美酒召唤我去亲吻，
赶走我的忧伤，让我心中充满酣畅；
我和美酒互相陶醉，
狂饮一杯又一杯。

酒酣耳热但我很快乐，
耳朵嗡嗡作响，步伐踉踉跄跄，
见到生人我也高兴地打招呼，
从没学过舞蹈我却跳起了醉舞。

这就是我一生的愿望，
畅饮红白葡萄酒，
让我的肠胃得以享受，
这样它们就能相安无事，
如果它们闹事，
我会直接把它们赶走。

下一首是教授亲笔之作，他还把它配上了音乐，尽管熟悉所有有
关钢琴的知识是他的得意之处，但因制版和发行的限制还是被缩减了。

尽管如此，因空前的好运，它可以用也能用歌舞剧《费加罗》的曲调来歌唱：

科学的选择

让我们别再追求名声，

她的身价太高我们无法承受；

我们也会忘记历史，

因为她的故事那么阴郁。

我们像祖先那样畅饮，

骑士们总是喝到淋漓尽致：

喝酒，喝陈酿的老酒！（重复一次）

我放弃了天文学，

一任走她自己的天路；

化学，我要与你绝交，

因为你的成本太高；

亲爱的美食学，

我全身心地爱着你，

美食家，我崇拜你！（重复一次）

我刻苦攻读从不放松，

直到岁月让我头发变得花白；

希腊的圣人没能给我带来教诲，

如今的我已知天命便学会了懒惰，

躺卧在床何等快乐。（重复一次）

曾经我想当一名医生，

现在已经向药品挥手告别；

药物和物理于事无补，

到头来只是帮助人们死亡。

说到厨艺我敢保证，

烹调做饭胜过读书万卷，

厨师原比别的职业更令人尊敬！（重复一次）

我的著作也许有些粗鲁，

但当太阳落山黑夜降临大地，

忧伤恐怕就会悄悄袭来，

我的爱总会潜入我的心，

虽然为人过于拘谨，

但爱却是一种轻松的游戏，

趁我们还能玩赶快来玩！（重复一次）

我亲眼目睹了下面这首诗的创作，因此我特意把它记到这里。松露是当今美食的大神，或者也许可以说值得我们倾注所有的敬意。

即兴诗

松露，我向你欢呼!

你确保了在美味大战中的胜利。

我们对此心怀感激，

你为我们展现了

上帝赐予的爱、幸福和满足，

让我们每天都来吃松露!

该诗由维尔普兰——一个著名的业余爱好者和教授最喜爱的学生

创作。

　　我推断这首诗来自《美食随想录》的某一章。我试图给它们配上音乐，但是始终不能让自己满意，也许别人可以做得更好些，特别是如果他放飞了自己的想象力的话。伴奏应该是强有力的，并在第二节中表明，病人的病情逐渐恶化。

临终之时

　　各种感官越来越微弱，

　　我双目呆滞、浑身无力；

　　露易丝在哭，她的悲哀无法压抑，

　　她用可爱的小手抚摸苍白的脸颊；

　　我的朋友一个接一个向我道别；

　　医生来了，神父也来了：

　　"死期到了。"

　　我想说话，

　　可是我的嘴唇动不了，

　　我想祈祷，

　　可是我做不到；

　　我耳边不停响着钟声，

　　每个细小的动作都在加剧我的疼痛。

　　周围一片黑暗；

　　我挺起胸口深吸一口气，

　　微弱的叹息声从冰凉的舌头发出：

　　"死期到了。"

教授作

恩利翁·德·庞西先生

我原以为我是在这个年代第一个构思美食理论的人，殊不知已经有人抢在我前面了，下面的逸事可以追溯到十五年以前。

机智幽默的恩利翁·德·庞西先生冠绝时代，1812 年的一天，他告诉当时最显赫有名的三位科学家拉普拉斯先生、沙普塔尔先生和贝托莱先生："我认为发明了新的菜肴，不仅能增进食欲，还能带来更多欢乐，远比发现一颗新星有趣，我们见过的星星已经够多了。"

这名法官继续道："除非我能目睹一名厨师有资格成为该研究所的成员，否则我将不再对科学充满敬仰或者不再将其看作权威。"

庞西先生以一颗仁爱的心关注着我的著作，他希望能够给我提供一条格言，而且常说并不是因为他个人的聪明才智才能打开孟德斯鸠学说之门。从他那里我获知波利亚－普里教授曾写过一本小说；并且在他的建议下我写了《流亡者的美食业》那一节。滴水之恩当以涌泉相报，为表崇敬感激我写下了下面的四行诗，其中包含他的经历和功德。

刻在庞西先生肖像下的诗行

他不分昼夜辛勤工作，
办公室里博闻强记；

睿智长者从不荒废时日，

对朋友，他从不吝惜关爱。

1814 年，庞西先生接受了司法部长一职，所有人都怀着崇敬的心情来看他。他的手下喜欢回忆他就职时说的话。他以一种与自己年龄身份相符的父亲般的口吻说道："先生们，虽然我不可能做到与你们持久相伴，永远做对你们有益的事，但是至少我敢保证不会做伤害大家的事。"

特别推荐

我的任务已经完成，但为了证明我还没有筋疲力尽，我要继续一石三鸟。我打算给各国的读者做个诚意推荐，以给我心仪的艺术家们树碑立传，并且让普罗大众能从我烤过手的火堆里得到一支燃烧的火把。

（1）供应商谢威夫人，地址：王宫大街220号，就在法国剧院附近。我虽非大买家却是她忠实的客户，我们的友谊可以追溯到她从美食界的地平线上冉冉升起的时候。她心地善良，曾因听闻我的死讯悲恸欲绝，幸好那是一个假消息。

谢威夫人对美食极有研究，同时又财运亨通。时光荏苒，她生意的兴旺发达完全得益于她良好的商业信誉。对她来说，做生意赚钱天经地义；然而生意一旦谈拢，她总是提供更高质量的货物。

美德会被继承，她的女儿们虽然刚刚成年，但无一例外坚守母亲的处事原则。谢威夫人在各个地方都有生意代表，她能让最刁钻古怪的美食家也能得到满意的结果。她的竞争对手越多，她的名气反而越大。

（2）阿沙德先生，糖果糕点及点心制造商，地址：格兰蒙大街9号，土生土长的里昂人。十年前开店起家，以制作饼干和香草夹心饼而闻名于世，尽管遭受过各种仿制品的挑战却始终屹立不倒。

他店里的每件东西都完美般精致，这些独一无二的精品在其他任何地方都很难找到。他有一双无与伦比的巧手，你可能会认为他的产品是在某块有魔力的土地上生长出来的。他做的食品大都会在一天之内全部卖光，不需要等到第二天。

即使在酷热的夏日里，也会有华丽的四轮马车停驻在格兰蒙大街上，车上通常坐着一个英俊的贵族和他披着羽绒的妻子。年轻丈夫来到阿沙德的店里，买走一大盘美味可口的点心。他一出来立刻受到妻子的欢迎："噢！亲爱的，太漂亮了！"然后马车快速地向前奔去，把他们带到了杜罗涅森林。

美食家们是一个既热情奔放又平易近人的群体，因此他们可以长期地忍受点心店里那名粗俗无礼的女店员的尖酸刻薄。还好现在有了一个新的女店员，她以崭新的姿态出现在柜台后面。

（3）利迈先生住在黎塞留大街 79 号，是我的邻居。作为一名优秀的面包师，我特意将他介绍给诸位读者。

他接手面包店时，那还只是一家不太起眼的小生意；很快他的事业迅猛发展，他也变得十分富有，名扬四海。他烤的面包恰到好处，可谓色白、味香、口感好。许多外国人以及来自最偏远乡村的人都喜欢吃利迈先生烤的面包，他的顾客常常排队等候。

我们对他的成功一点儿也不感到惊讶，因为他懂得推陈出新、善于创造，并且还受到过最负盛名的科学家的指点。

挽歌

人类的第一对父母，你们生来喜欢美食，为了一个苹果你们付出了一切，要是面对一只松露火鸡，你们又有什么干不出来呢？可在你们那座人间天堂里，既没有厨师也没有甜点师。

我怜悯你们！

将高傲的特洛伊城夷为平地的伟大君王们，你们的勇武代代相传。但是你们的餐桌太显寒碜，只有牛腿和猪背肉，你们永远不知道红烧鱼的可口，也体会不到原味鸡块的美味。

我怜悯你们！

美女克洛伊、阿斯帕西娅还有其他人，你们的雕像因希腊雕塑家的凿子而芳名永驻，足以让当今的美女羡慕嫉妒，但你们充满魅力的嘴巴并没品尝过玫瑰葡萄酒或是香草蛋白酥。你们甚至连姜饼都没见过！

我怜悯你们！

灶神维斯特的美丽女祭司们备受仰慕，却也饱受世人难以忍受的折磨。啊，如果你们能品尝到这种能恢复精力的糖浆，吃到那不分四季都能有的晶莹果实，以及那些香甜可口的乳酪，那该多好，可惜这些都是如今创造出来的奇迹！

我怜悯你们！

古罗马的金融家们，尽管你们具有左右世界的能量，但就算在最著名的宴会大厅，你们也从未见过我们美味的果冻，还有那透心凉的冰淇淋，它们足以让人耐得住酷热的煎熬。

我怜悯你们！

武功盖世的英勇战士们，是多少赞美诗中的主角啊！你们也曾打断了巨人的腿、解救过被困的少女、彻底击败过无数劲敌，但那些被俘的黑眼睛女仆却从未带给你发泡的香槟、马德拉烈酒，更无缘品尝本世纪引以为豪的芳醇烈酒，你只能退而求其次地喝上一杯麦酒或酸酸的草药酒。

我怜悯你们！

主教和修道院院长，你们这些上天的宠儿，还有那曾摧毁阿拉伯人的英勇的圣殿武士，你们从未品尝过令人快速恢复精力的巧克力饮料，也没喝到过能活跃思维的阿拉伯咖啡。

我怜悯你们！

高傲的贵妇曾把自己的随从培养成具有上层社会地位的人，以便填补贵族战争造成的损失，你们却无缘与他们分享迷人的饼干，更别说品尝小杏仁饼的滋味。

我怜悯你们！

还有你们，1825年的美食家们，虽然在许多方面已心满意足，但却怎么也想不到1900年的科技有多强大，创造了可以食用的矿物质美味，或者用上百种气体蒸馏而成的美酒，更不会知道未来的旅行者，将从地球另一半有待开发和有待探寻的土地上带回怎样的新奇食品。

我怜悯你们！

后记

致两个世界的美食家们

尊敬的阁下：

本人谦恭地呈现给诸位的这部作品，旨在阐述美食学——这门充满艺术的科学的一些基本原则。

我要向美食学奉上我忠实的祭品。美食学像一位新加冕的女神正冉冉升起，她的光芒让她的各位姐妹相形见绌，宛如卡吕普索的肩膀和头要高出她身边的那些美丽仙女一样。

未来，美食家的圣殿一定会壮观无比，直指苍穹，成为装点各大都市的一道亮色。你应该让圣殿里回荡着自己的声音，并且为美食学的繁荣贡献一份才智。上帝启示我们这种学问应建立在由快乐与需要构建的基石上，那些美食家和尊贵的客人将有幸成为圣殿里的一员。

与此同时，昂起你容光焕发的脸庞，用你全部的力量与尊严勇往直前，去开拓这个美食新世界！

诸君，请继续奋斗！让美食学这门艺术代代相传，在你们享受美食的同时，如果有新的发现，到时候记得一定要告诉我。

你忠实的仆人
——本书的作者